シュレーディンガーの猫を正しく知ればこの宇宙はきみのもの 上

保江邦夫
さとうみつろう

明窓出版

まえがき

もう8年前になる。

岡山の駅前、大きな商店街で待ち合わせた。

居並ぶ数々の店から、どう見ても「一番古びている」大衆食堂の暖簾をくぐったその男性は「大将、いつもの座敷あいてる？」と返事よりも先に奥へと突き進む。


その奥の座敷では合気道の実演や、携帯電話を心臓から離して足首に装着している話、同じモノを2人で見れば相手の脳波をジャックできる話など、僕にとっては興味が尽きない話が矢継ぎ早に出てきた。

保江邦夫先生。

そのときは、まさかこの人が「日本で一番ノーベル物理学賞に近い人」だとは思わなかった。


ただ、僕が好きな「ぶっ飛んだ話」を数式や難しい知識などただの一つも使わずに話し倒すその話力の裏には、これまで難しい方程式を幾重にもくぐり抜けてきた自信と、「過去」という堆積物が積み重なってできた盤石の土台があるようにみえた。

その台の上で堂々と話す先生にとっては、もう「ぶっ飛んだ話」だけで十分なのだ。

裏側にある……、というか「地盤下」にある方程式をわざわざ掘り返してまで引用はしない。「ぶっ飛んでいる」という「表面の」、「事実の」面だけで人々は魅了されるし、実際に「根拠となる方程式」など出そうものなら、蜘蛛の子を散らすように聴衆は消えるだろう。

ただ、長い付き合いをさせていただいている中で少しイライラしてきた。

保江先生に、である。

こんなにすごい過去をお持ちなのに、その堆積層の部分の「理論物理学者・保江邦夫」を知らない人がドンドン増えていく。

先生の話は魅力的すぎて、話せば話すだけオカルト、ＵＦＯ研究家、スピリチュアル、そういうジャンルの人たちが先生の周りに増えていく。

そこで、先生にお願いしてみた。

「理論物理学者・保江邦夫」にフューチャーした本を書きたい。今の先生のファンには伝わらないかもしれないが、世界の宝「理論物理学者・保江邦夫」の人生記となる本を。

優しい先生は、すぐに了解してくれた。

さて、そもそも先ほどの「怒り」はどうも自分自身への怒りだったようだ。

『量子力学と引き寄せの法則』

『スピリチュアルと量子力学』

世間には、そんな安っぽい本が大量に出回っている。

先日、大手出版社の人と話しているときにもその話題になった。

するとその編集者が真顔で、「でも、みつろうさんの本が最初ですよね」といった。

日本で、「目に見えない世界」を説明するために「量子力学」という概念を持ち出したのは、『神さまとのおしゃべり』（サンマーク）という10年前に僕が書いた本が最初である、とその編集者は断じる。

「少なくとも、一番大きな影響を与えたのはあの本でしょ？　30万部も売れたんだから」

どうも、自分で蒔いた種が雑草のようにワラワラと世間を覆っている現状にイライラしていたようである（笑）。

【この世界は、どうして生まれたのか？】

それはＣＰ対称性が破れ、「反物質」が「物質」とは異なる挙動を取ることで消滅したから。

【どうして見ている世界は、そのように「あなた」に観えているのか？】

それは観測者効果によって、あなたに「そのように」観えたから。

僕にとっては何でもよかったのだが、

【私とは何か？】

【宇宙とは何か？】

【どうして我々は存在しているのか？】

これら、【根本への問いかけ】を説明する材料として、量子力学は最高の材料だった。


そこで、引用させてもらって10年後、大手出版社の編集者をもってして「さとうみつろうが量子力学を（彼の気を遣った言葉では）数式を知らない人たちへ広めた」と出る。


さぁ、責任を取らなければいけない。

本書を読めばわかるとおり、保江邦夫先生は日本を代表する理論物理学者であり、「保江方程式」は量子力学の根幹部分を解き明かす四つの式のうちの一つだ。残り三つの方程式を作った人は全員ノーベル賞を取っている。

その、保江先生に僕が住む沖縄へ来てもらい、4日間ホテルに缶詰めになってもらった。天候という神さまも味方してくれて、4日間ずっと雨。「外に出たい！」と子供のようにはしゃぐ先生の気持ちを抑え、午前と午後で合計7時間×4日間をぶっ通しで聴きまくった。

現在、量子力学の世界は「数学オリンピック」になっているそうだ。

これは保江先生以外の素粒子物理学者から聞いた話だ。

「どうして宇宙は始まったのか？」、そんな根本を解き明かすために始まった学問が、「どの学者が、どの学者よりも早く計算式を解けるのか」という数学オリンピックになっていると。

「宇宙はどうして始まったのか？　なんて、もう誰も考えていません」

量子力学のド真ん中にいる現役研究者がそういうのだから、きっとそうなのだろう。

そこで、今回の本では「数式を使わず」、万人が平易に読めるように。

それでいて、「ぶっ飛んだ」話へも転化せず。

淡々と、量子力学をわかりやすく。

最初に決めたそんなルールで先生にはお話しいただいた。

結果は読んでいただければわかるが、「啞然」である。

日本が生んだ大天才保江邦夫のすごさが、数式を知らない僕らの心にも突き刺さる。

また、銃を乱射した物理学者や、パウリとユングの夢の共演に保江先生が関係していたり、枕営業で地位を勝ち取った大学教授の助手など、エピソードトークの数々も小説より面白く奇なり。

こうして4日間のインタビューを終え、情報も遮断されていたホテルの外へ先生が大好きなステーキを食べに出るとロシアがウクライナへ侵攻していた。

文字どおり、「昨日までの世界」からガラリと変わっていた。

あなたが観測するまで、世界は存在しない。

あなたが「そう」思ったから、あなたにとって「そう」観えているのが世界である。

ボーアとアインシュタインの論争は、結局ボーアが勝った。

月はあなたが観ていないとき、そこに存在していないのである。

だから、本書が「あなた」にどう読まれるかは僕にはわからないが、「あなた」の世界の全ての原因は、「あなた」にあるというこの絶対に変わらない不変の真理は全ての学問でいわれていることである。

そして、その全ての学問の最先端にして最新の学問である「量子力学」の全てを、今ここに1冊の本としてあなたの手元にお返しできることに誇りを感じる。

そして、日本で初めてノーベル賞を受賞した湯川秀樹先生の『素領域理論』を完成させ、この世界から旅立つ最後の病室のベッドの上の湯川先生を安心させた、若き日の保江邦夫先生。

その偉大な日本人の「ここまで」の人生を本にしたいと願い、それがここに叶ったことに大きな感謝を感じます。

そして保江先生の「これから」の人生が、もっともっと輝きますように。

ノーベル賞を取ろうと、取るまいと。僕にとって先生は、「人類の宝」そのものです。

作家　さとうみつろう

シュレーディンガーの猫を正しく知れば　この宇宙はきみのもの　上

まえがき　3

パート1　医学界でも生物学界でも未解決の「統合問題」とは

統合問題──医学界でも生物学界でも未解決の問題　16
人を作っているのは、一つの巨大な水分子の塊だった　24
エバネッセントフォトンの発生の秘密　34
ピラミッドにおけるエバネッセントフォトンの役割　46
沖縄の海洋深層水と、ＵＦＯに乗せられた親子　56

ユングとパウリは、協力してテレパシーを解明していた！ 66

パート2 この宇宙には泡しかない——神の存在まで証明できる素領域理論

京都での出逢い——哲学の道と喫茶「若王子」 82
仏像の微笑み——空間には、全ての記憶が残っている 92
湯川秀樹博士の素領域理論からのスタート 97
この宇宙には泡しかない——神の存在まで証明できる素領域理論 109

パート3 量子という名はここから生まれた！

「ラプラスの悪魔」は存在するのか？ 128

水素原子の中の電子は、飛び飛びのエネルギー状態しか持てない　140
電子や物質粒子の最初の量子論は、ド・ブロイ発だった　150
量子力学が生まれたのは、軍需からだった　160
量子という名はここから生まれた！
――アインシュタインとマックス・プランクの、光についての考察　172
アインシュタインのノーベル賞受賞の秘話　179
シュレーディンガー登場！　188
ディラック提唱の、相対性理論の要請を満たした新しい波動方程式　200

パート4　量子力学の誕生

ハイゼンベルクの超スピリチュアル体験　210

シュレーディンガーは、全ての音の組み合わせが表せる行列を導いた　218
量子力学はこうして発生した！　223
プサイとはいったい何なのか？　229
「神はサイコロを振り給はず」――アインシュタインが反旗を翻す　240
宿敵！　ボーアvsアインシュタイン、シュレーディンガー　248

パート5　二重スリット実験の縞模様が意味するもの

ディラックが完成させた量子力学からラザフォード散乱まで　258
ボルンが近似（ボルン近似）を発案した背景　268
二重スリット実験を、世界で初めて電子で行ったのは日本人だった　281
ボルンは、量子力学を道具にして確率解釈を生んだ　290

ハンガリーの貴族、天才数学者フォン・ノイマンが物申す　302
数学者は手打ちが得意――無限に関する問題の結末　315
二重スリット実験の縞模様が意味するもの　326
観測装置における浜松ホトニクスの功績　338
二重スリット実験は人や魚にも当てはまる!?　347

パート1　医学界でも生物学界でも未解決の「統合問題」とは

（沖縄の某ホテルの一室にて）

統合問題――医学界でも生物学界でも未解決の問題

保江邦夫（以下、保江）　みつろうさんとは、何度か YouTube などでコラボしていますが、こうして沖縄にうかがってお話をするのは初めてですね。

今回はよろしくお願いいたします。

さとうみつろう（以下、みつろう）　こちらこそ、よろしくお願いいたします。日本の物理学界の星、保江先生とお話できるのはとても光栄なことです。

僕はこのところ、すごく物理学に興味がありますので、いろいろとうかがえましたらうれしいです。

保江　なんなりとどうぞ。

みつろう　まずおうかがいしたいのが、統合問題（Binding Problem）についてです。

分子生物学者の福岡伸一（＊１９５９年〜。日本の生物学者）先生のお話によりますと、最近、人間の細胞の数は37兆個であるとわかったそうです。

そして、その細胞の一つをシャーレに置くと、それ自身に意思があることがうかがわれるというのです。ですから、僕の小指にも意思があるはずですし、耳にも意思がある。

例えば、僕が耳を折りたたむように曲げたら、耳にとっては痛くて最悪です。でも僕の意思としては、やりたいと思っている。これが不思議なのです。

それから、僕の意思で温泉に行って、かなり熱めのお湯に入ったとします。睾丸というのは精子を冷やしたいから体外にあるそうですが、そのときの睾丸は悲鳴を上げているのではと思うのです。

そこで、疑問が生じます。一つひとつの細胞にはそれぞれ別の意思があるのに、全体を一つにまとめているのは何なのか。

保江　人間の体というのは、細胞の集団です。

それらが全部、生きて協調、調和して、一人の保江邦夫という人間を作っているわけです。不思議でしょう。

これは精神医学では、統合問題という未解決の問題です。脳細胞他、それこそ何十兆もある働きが統合されて、一つの保江邦夫を作り上げているなんて不思議ですよね。

みつろう　誰が考えてもおかしいですね。バラバラなはずなのに。

保江　それが、まだ医学界でも生物学界でも解決していない統合問題というものなのです。統合しているのは誰なのか、謎でしょう。バラバラなはずなのに。

みつろう　このガラステーブルに10兆個の分子があるとしますね。10兆個の分子は、5ヶ月前に僕がここに来たときから一つも変わっていません。

一方、僕たちの体って、福岡伸一先生がおっしゃるには、分子的には3ヶ月で総入れ替えになるそうです。3ヶ月前に体を作っていた分子は、今や一つもない。なのに、自分は今でも「さとうみつろうだ」といい続けています。

ガラステーブルの分子は、本当に一つも変わっていません。でも体の分子は、全部取り替えられているのです。

全体的に考えると、分子は回っていますから、誰かのパーツが自分の体になっているかもしれません。これはもう本当に不思議でしかたがない……、一つひとつがバラバラの意思を持ったものが、どうやって統合されているのでしょうか。

保江　不思議だと思ってくださるほうが正しいのです。

学者というのは、自分たちの専門分野で「まだそんなこともわかっていないのか」といわれるのが嫌なので、未解決問題について、一般の方にはできるだけいいません。

みつろう　やはり、プライドがあるのですね。

保江　ところが、じつは以前に、僕と助手の女性でその問題を解決しているのです。

僕が岡山のノートルダム清心女子大学で教鞭を執っていた頃に、助手を務めてくれていた女性で、彼女は少し変わった子でした。僕に、

「水ってどんなものですか」と、水についてばかり、しょっちゅう聞いてくるのです。

それで、なぜそんなに水のことが気になるのかと聞いたら、

「生き物って、水でできているような気がするんです」というのです。

そして、結局それが発端となって、まだ研究分野を決めていなかった彼女は、生物の中の水の働

きについて研究することにしました。

彼女が、水の分子やその構造、さらに量子力学の話まで聞いてくるから全部教えてあげているうちに僕も巻き込まれて、結局、僕と彼女の連名で、水に関する論文をたくさん出したのです。

その一つに、人間の脳組織の中の水についての論文があり、そのおかげで、この統合問題が解決したのです。

みつろう　統合問題を解決したのですか？

保江　僕とその助手の共著の論文で解決しました。

みつろう　先生からは、興味深いお話がどんどん出てきますね。

先生のお名前は、小惑星の名前になっていますよね。その小惑星が発見されてから日本天文学会で名前をつけるときに、日本の物理学者の名前をつけたいということで、「ヤスエ」としたと聞きました。

さらに、基礎物理学で、量子力学の奥の奥のほうに最小作用の原理が成り立っていることを証明した、「保江理論」もありますね。その方程式は、世界中で認知されているとか。

そのうえ、統合問題を助手さんと解決したのですね。福岡先生の本には、それについては書いてありませんでしたが。

保江　おそらく、福岡先生はご存じないと思います。これについては、量子物理学の理論を使ってやっと解決できたのです。

みつろう　先生の専門分野ですね。

保江　どのように解決したかというと、結局は、水が鍵でした。

人間に37兆個ある細胞がそれぞれどういう構造になっているかというと、まずは細胞膜があって、中に水があって、核とかミトコンドリアなどが浮かんでいます。

そして、細胞と細胞が接しているその間を細胞間隙（さいぼうかんげき）といいますが、ここには空気があるわけでは

小惑星 Yasue

なく、水が入っています。つまり、全部が水に浸っているといえます。

みつろう　37兆個が全部、水に浸っている。

保江　人の体の7割から8割は水です。

ＤＮＡの中の二重らせん構造を説明するときにはいつも二重らせんの絵が示されますが、あれはきちんと描かれていません。４種類の塩基が並ぶＤＮＡの二重らせん構造は、そのままでは破綻してしまって安定して存在できません。

じつは、描かれていないたくさんの水が周囲にこびりついていることで、初めて安定して存在できているのです。

でも普通、細胞の説明をするときには、水のところは見ない。細胞膜とか、いろんなタンパク質についてはいろいろと実験しますが、水はあまりに当たり前すぎて今まではほとんど注目されてきませんでした。

それに、以前は原子間力顕微鏡がなかったから、電子顕微鏡しか使えませんでした。

みつろう　電子顕微鏡の仕組みを教えていただけますか。

保江　光の代わりに電子を当てて、レンズの代わりに磁場を使って光学的な造影映像を大きくする、その理屈を電子で再現したものです。

電子を飛ばしているから、真空中でしか使えません。だから、電子顕微鏡で見るときには、まずその試料を入れて、閉じて、真空ポンプで中の空気を抜きます。そうしないと電子が飛びません。

ということは、細胞の表面を見ようと思っても、真空だと水が飛んでしまった状態なのです。

みつろう　そうですよね。真空に水があったら真空ではない。

保江　つまり、水がなくなった、要するにカスみたいに干上がったものだけを見ているわけです。今までの研究では水を見落としてきたわけですが、それでは意味がなかったのです。

今ではずいぶん改善されて、水があっても見ることができる原子間力顕微鏡が発明されました。

みつろう　それで、水の挙動もわかるようになったのですね。

人を作っているのは、一つの巨大な水分子の塊だった

保江　水がむしろ重要だったのだと気づきました。

じつは、細胞膜と細胞膜の間にある水というのは、その6割は流れていて、ほとんど1週間で入れ替わります。

ところが、この細胞膜からすぐそばの、昔はデバイ層といった細胞膜すぐの際のところにくっついている水、あるいはDNAの構造を安定化させるためについている水は入れ替わりません。こびりついたままです。それを結合水といいます。

この結合水がつながっている、つまり、全ての細胞膜と細胞膜の隙間は全部つながっているのです。結合水という、全部につながった、固定したものがあるわけです。

ですから、細胞というよりも、細胞と細胞の間の結合水だけに着目したら、一つの巨大な水分子の塊がさとうみつろうであり保江邦夫なのです。今までそこは、ずっと無視されてきました。

では、結合水としてある巨大な大きさの物質は、いったいどんな働きをするのでしょうか。

水というのはH_2Oですから酸素原子のそばに水素原子が二つついて、ミッキーマウスの顔みたいになっています。酸素原子が顔で、耳が水素原子です。

みつろう　ミッキーマウスですか。なんだかかわいい……。

保江　例えば水というのは、１気圧の地球上では摂氏１００度で沸騰します。

みつろう　沸点が１００度で凝固点が０度ですよね。

保江　それは、ミッキーマウスの形をしているからそうなるのです。

みつろう　量子力学で計算すると、ミッキーの形が故にそうなるわけですか。

保江　そうです。似たような分子で、Ｈ２Ｏに一番近いのがＨ２Ｆです。

みつろう　Ｆというのは何ですか。

保江　フッ素です。Ｈ２Ｆはフッ化水素。フッ化水素というのは、量子力学で計算するとミッキーみたいにならずに串団子みたいになっています。真ん中にフッ素の原子があって、その両側に水素原子が1個ずつついたものが串団子みたいに一列に連なっています。

この構造を持っているフッ化水素は、沸点が20度くらいです。だから、室温でも蒸発します。

みつろう　それは、結合していないということですね。

保江　なぜかというと、フッ化水素はいびつな形ではないので、電荷分布も均等です。だからプラスもマイナスもないわけです。

ところが水はミッキーの耳が上にあるでしょう。だから偏っているわけです。上下対称ではなく、プラスとマイナスがあります。

だから、水の分子同士がくっつき合うわけです。

みつろう　そうすると、フッ化水素はくっつかないですね。

保江　くっつかないから簡単に20度くらいで蒸発します。

ところが水は電気的にくっついているので、１００度まで熱しないと沸騰しないのです。

水は特殊な構造で、プラスとマイナスに分かれています。分かれていると何が起きるかというと、例えば、携帯電話のアンテナから電波を出せるのは、アンテナの中の金属部分でプラスとマイナスの電荷を振動させているからです。そうすると、電磁場が発生しますから。

みつろう　波が出てくるのですね。

保江　それと同じで、プラスとマイナスに分かれている水分子が回転すると、電磁場と相互作用して電磁波を出したり受け止めたりできるわけです。

みつろう　やはり、情報はそこに格納されている。

保江　しかも水は、ミッキー形の分子が単独にあるわけではありません。プラスとマイナスでくっつき合っていて、だいたい平均して10個くらいがくっついています。

みつろう　連鎖しているわけですね。

保江　どこかの天然水が美味しいとか、沖縄の水が美味しいとかいうでしょう。あれを調べた人がいます。焼酎に合う美味しい水とか、ウイスキーの水割りをするときにいい水とか。
その研究によると、ミッキーがたくさんくっついていればくっついているほどあまり美味しくないのだそうです。

みつろう　おおぜいで一つだとダメなのですか。

保江　クラスター（＊水分子が水素結合で結びついてできる集合体、群れ、集団）が大きいとダメで、バラバラだと爽やからしいです。
大きいと体の細胞の中に入っていきにくいでしょう。バラバラのほうが染み込んでくるということまではわかっています。
それで話は戻りますが、体の中の細胞間隙の結合水の水分子集団は、頭のてっぺんから足の先までの大きさのクラスターなのです。

みつろう　それで1分子なんですか。

保江　巨大分子ですね。全部結合してくっついていますからね。

みつろう　結合したら分子になるので、大きな分子にもなるわけですね。

保江　それが「さとうみつろう分子」、「保江邦夫分子」です。元々は水ですけれどね。

つまり、保江邦夫巨大水分子と、さとうみつろう巨大水分子が、今こうやって対面していることになります。

みつろう　この水は動かないのですね。

保江　結合水だから動きません。水を飲んで体内に入れても、その結合水とは一体化できないのです。

みつろう　これは、分子生物学の福岡伸一先生を越えた話です。

僕はてっきり、全てが入れ替えられるのだと思っていました。

保江　入れ替わっていないものがあるわけです。

みつろう　生まれて死ぬまで、僕のこの80兆と040兆は、この分子で生き続けているのですか。

保江　そのとおりです。

みつろう　成長すると、量は増えていくのでしょうか。

保江　だんだん増えてきます。

ポイントは、それぞれの水分子がプラスマイナスを持っているので、それが一つに組み合わされたものにもプラスマイナスの電気分布があるということで、それは電磁場と相互作用します。

水分子のプラスマイナスが振動すると、電磁場に波が発生します。

逆に電磁場の波である電磁波がやってきたら、水分子も振動するわけです。

みつろう　共振するわけですね。

保江　連成波（れんせいは）といいます。例えば、ステージの上で演奏している人がいたとして、最初はステージの上の人だけが一方的に音を出していますが、会場全体は、次第にどうなりますか。

みつろう　観客とも同期しますね。

保江　それと同じ、まさにその同期症状が水分子にも起きるのです。水分子と電磁場が連成したものになるわけです。

みつろう　ステージも会場も、そのとき一つになっているということですね。

保江　まさしくそうです。ステージが水分子、会場が電磁場。
　ということは、先ほどいっていた、「さとうみつろう巨大水分子」は水だけではないのです。電磁場がこの宇宙空間にあって、その電磁場とも共鳴し協調して、連成振動というものを作っているのです。
　じつは、その連成振動を量子論的に記述すると、すごいことがわかりました。人間の記憶、それから気功師が操る気の流れなどは、全部、水と電磁場が連成した側にあったのです。

みつろう　相互作用が生まれているのですか。

保江　そのとおり。さらにその相互作用の働きが非常に大きく、そのために独自の存在になっています。その独自の存在というのが、じつは我々の意識、認識などの主体だった、という理論を当時、発表しました。

みつろう　論文を出されたということですね。

保江　そうです。それで、海外の学会にも呼ばれました。

みつろう　統合問題を解決した方、ということでですか。

保江　「人間の意識の根源がどこにあるかを突き止めた」と紹介されました。それに付随して、統合問題も解決したと。

みつろう　量子論でそれを解いたということですね。

保江　ちょうどその頃、イギリスの数学者ロジャー・ペンローズ（＊1931年〜。イギリスの数学者）が、「量子力学的研究をしないと、人間の意識を理解することはできないだろう」という内容の『皇帝の新しい心』（みすず書房）という本を出しました。

彼は、2020年にノーベル物理学賞を受賞しています。その本は、それまで量子物理学など脳の研究に必要ないと考えていた世の中に、大きな衝撃を与えました。そして、僕と助手も引っ張りだこになったのです。

ただし、ペンローズは基本的には数学者だから、量子力学のことをあまり知らないわけです。だから彼の理屈は、部分的には正しくありませんでした。

そのことを僕が指摘して、物理学的に正確なものを出すべきだということで、水に着目したのです。

保江　そして、水と電磁場の相互作用で生まれる新しいものが何かというと、じつは光なのです。ただし、普通の光ではありません。

みつろう　バイオフォトンでしょうか。

保江　はい。じつは、それまでバイオフォトンの正体は突き止められていませんでした。ところが、バイオフォトンも結局、我々が見つけたものだということがわかったのです。

普通の光は電磁場の波でサインコサインで流れていき、1秒間に地球を7回り半します。1年間に9兆4600億キロメートルを走ることになりますが、それは真空中の光であり、電磁場の波の話になります。

そこに巨大な水の分子があると、真空ではなくなります。ミッキー形のプラスマイナスがいっぱいあるわけです。

そうすると、電磁場の波である光がそこに捕らわれてしまいます。まるで水飴の中を泳ぐようなものです。

だから、歩くくらいの速さでゆっくりしか動けない、あるいは止まっている光になります。それを、エバネッセントフォトンといいます。

巨大水分子の周囲に、エバネッセントフォトンと呼ばれているねっとりした光がこびりついている。それが連成波の正体です。

水分子にエバネッセントフォトンがくっついているもの、それが意識であり、意識の主体である、さとうみつろうの本体となる。

これを理論的に計算して、人間の本体を突き止めました。

みつろう　それは、いつ頃のお話ですか。

保江　25、6年前です。ペンローズに「目の前で説明してほしい」といわれて、彼が行くアメリカの学会にも呼ばれ、おおぜいの外国の科学者の前で発表をしました。

みつろう　先生は、いつノーベル賞を取るのですか。

保江　もうじきです（笑）。統合問題を解決したし、人間の意識の主体が何なのかもわかったし。あとは、生きている状態と死んでいる状態の違いの解明かな。

みつろう　わかったのですか。

保江　まだわからないのですよ。

みつろう　科学的には、何が起こっているのかわからないというわけですか。

保江　死亡直後は、細胞レベルでは何も変わらないのです。

みつろう　どの瞬間から死んでいるのかという定義ができないのですね。

保江　そのとおりです。ただ、死に関して、一つだけ興味を抱いた出来事があったのです。
それは、父親が亡くなったときのことです。父は家で倒れて最後は病院で息を引き取ったのですが、お医者さんが「今、亡くなられました」といったその瞬間、普通なら泣くのでしょうが、僕は極めて冷静で、いつもより観察力が鋭くなっていました。人間としては、変わっているのでしょう。
それで、大変驚いたことがあったのです。父は、導尿カテーテルというチューブを尿管に入れていて、ベッドに下がっていたプラスチックの袋に、尿が少しずつ溜まるようになっていました。
そして、お医者さんが「ご臨終です」といったほんの数秒後に、それに大量の尿が流れてきたのです。鮮明に映像として記憶に残っています。

みつろう　それは、筋肉の弛緩によるものではないですか。

保江　僕も一瞬そう思いました。でも入院中ずっと、導尿で直に袋に出し続けていたのですから、膀胱には溜まっていなかったはずです。

みつろう　普通人が死んだら、弛緩で尿が垂れ流されますよね。でも、お父様は導尿していたから膀胱には尿がほとんどなかったにもかかわらず、何かが出てきた。

保江　亡くなる前に少しずつ出ていたのは尿らしい黄色っぽいものでしたが、どっと出てきたのは、無色透明に見えたのです。

そのイメージが頭にこびりついていたのですが、その後、巨大水分子と統合問題を研究して、今まで結合水として我々の体に染み渡っていたこの水が、結合できなくなって流れ出てきたのだと気づいたのです。

だからあのとき、どっと管から出てきた無色透明な水は、親父の本体だった。

みつろう H80兆O40兆がバラバラになってしまった。

保江 つまり、結合水、H80兆O40兆があるものは生きていて、これがなくなったら死んでいるということだなとわかりました。

だとしたら、人間の生命力とは何でしょうか。結合水がしっかりしていればしているほど元気に生きられる。死んだらそれは結合していられなくなる。

水が結合しているためには、エバネッセントフォトンという光も捕らえていなくてはいけません。それができなくなったから水は排出されて、光はどこかに消えていくわけです。

体の具合が悪くなるとか、死にかけているとか、病気の状態というのは、この結合の度合いが緩くなっているのです。

みつろう　結合がしっかりしていないということですね。

保江　そういうことです。他には、電磁場との連成がうまくいかなくなって、エバネッセントフォトンが減っているとかね。それが病気であるとか、年を取る、あるいは生命力が落ちるということではないかと思いました。

じつは、エバネッセントフォトンというのは、生命体の細胞の結合水だけに存在するわけではなく、物理的に作り出せるものなのです。

一番簡単に作るには、例えばガラスで光が反射するとき、100%反射する場合は、反対側には一切光が透過しないといわれています。

でも、量子力学と電磁気学で計算するとそうではありません。

通常、反射するのは普通の光です。つまり、サインコサインの普通の波が当たってその波が返ってくるのです。

ところが、反対側、つまり反射面の裏側にへばりつき、滲み出るものが残ることがあります。これもまたエバネッセントフォトンなのです。

計算でわかるのですが、エバネッセントフォトンは光が屈折して透過するときには発生しません。100%反射して、反対側には普通の光波が存在しないという境界条件が与えられて初めて発生するのです。

みつろう　１００％反射する素材とは、鏡などでしょうか。

保江　素材というより、角度で決まります。

みつろう　角度ですか。どんな素材でも１００％反射する可能性はあるということでしょうか。

保江　ダメなものもありますが、例えば透明ガラスは見事な角度で反射します。

みつろう　ガラスが反射しているのですか。特別なガラスでしょうか。

保江　普通のガラスですよ。

みつろう　計算上、そうなるということでしょうか。

保江　そういうことです。完全に100％反射したら、反射面の裏側にエバネッセントフォトンが滲み出て残るのです。それが今、工業エンジニアリングで様々なことに使われています。

例えば、細いガラス管の中に粉体を通すとします。

通常は、管の内壁との摩擦もあり、圧力をかけてもなかなか通らず、ものすごく手間も時間もかかるのです。

ところが、ガラス管に向かってレーザー光線を当てると、光線がガラス壁の中を反射しながら伝わっていき、管の内側にエバネッセントフォトンが滲み出るのです。その部分にエバネッセントフォトンがへばりつくことで摩擦がなくなり、粉体がとても通りやすくなります。

みつろう　常温超伝導が起きるわけですね。

保江　粉体に関してね。ただ、これは光である必要はなく、電磁波でもいいのです。

どこかの電機会社が車のエンジンを発明したのですが、エンジンの中のピストンの上下には摩擦があるけれども、透明ではないのでレーザー光は当てられない。

そこで、可視光ではなく高周波の電磁波を当てて、その周波数のエバネッセントフォトンを内壁に作ったのです。そうしたところ劇的に摩擦が減って、エンジン効率が一気に高くなりました。

みつろう　では、トヨタのように、エンジン効率が40％か50％までいくかもしれないですね。トヨタは、エンジンにこだわり続けています。全世界がモーターへ舵を切っているのに、利権もあるし影響も大きいからやめられないようです。

保江　つまり、マイクロ波とか電磁波とかの、波動であればいいのですよ。

みつろう　音波でも大丈夫ですか。

保江　音は電磁波ではないから無理ですね。

みつろう　疎密波（そみつは）ではダメなんですね。
では、エンジンの周りに電磁波を出す装置があれば、シリンダーの活動がよくなるわけですか。

保江　うまくやればそうですね。そういう機械は昔、発明されたようですが、それに電磁的変動を与えて、もっと効率よくすればいいのです。

みつろう　昔の人は、その機械を使うとなぜ効率が良くなるのか、理由まではわかっていなかったけれど、その理由がじつは、エバネッセントフォトンだった。
とても良いことを聞きました。エバネッセントフォトンは、先生が発見されたのですか。

保江　いえ、違います。昔から知られていたことです。
大事なのは、完全反射したところにエバネッセントフォトンがこびりついているということと、我々人間の体は、結合水に存在しているエバネッセントフォトンが減ってくると、病気になったり、生命力が落ちるということ。
逆に、具合が悪くなったらエバネッセントフォトンを外からもらうなりして、増やせばいいわけでしょう。

みつろう　具合が悪くなる原因がエバネッセントフォトン不足だから、補えばいいのですね。
だったら、電磁波を周りに作りましょうか。

保江　それが先ほどの、「完全反射の裏側にはエバネッセントフォトンがある」という話につながります。

宝石になるような鉱石がキラキラ光るのは、ほぼ100%、その裏側にエバネッセントフォトンがあるということです。大きければ大きいほど、外からの光を反射してキラキラ光ります。

みつろう　反射率が高いわけですね。僕は人生で初めて、宝石を買いたくなりました（笑）。

保江　だから、宝石の台座は、真ん中に穴のあるドーナツ型の台にすることが大事なのです。なぜなら、裏側が露出していないと意味がないのですから。

みつろう　エバネッセントフォトンが集積していますからね。

保江　それを台座で密閉したら、愚の骨頂ですよ。

固定する必要はあるので、ドーナツ型が一番いいわけです。

みつろう　アメリカの黒人ラッパーが、10億円ぐらいのピンクダイヤを額に埋め込んだんですよ。

保江　それは一番いいですね。

みつろう　聞いたときはアホかと思ったけれど、じつはすごいものだったんですね。けれども、ライブ中に観客の中に入ったときに引き剥がされて取られたみたいです。でも戻ってきて、今は手元にあるという。

石の種類は何でもいいのですか？　ダイヤでもルビーでも。

保江　１００％反射するならなんでもいいです。

みつろう　１％でも透過光があったらダメですか。

保江　エバネッセンスフォトンの量が極端に減ります。だから、カットの技術が非常に大事になります。

ピラミッドにおけるエバネッセントフォトンの役割

みつろう　じつは最近、天然ダイヤモンドを取材しました。天然のダイヤモンドは、ピラミッド二つを上下にくっつけた形をしています。ダイヤモンドというのは不思議で、地球で唯一、音速を超えた物質なのです。どういうことかというと、ダイヤモンドは地球の奥のマグマのところで形成されて、そこから火山の噴火のときに音速を超えた速度で飛び出てきたものがダイヤになるのです。

保江　なるほど、面白いですね。

みつろう　最初にマッハを超えた人はチャック・イエガー大佐（＊アメリカの陸軍・空軍パイロット。公式記録において世界で初めて音速を超えた人物として知られる）ですが、その前にダイヤモンドが先に音速を超えていたわけですね。

保江　だとすると、衝撃波があの形を作ったのかもしれない。

みつろう　今、ダイヤモンドは全部、デビアス社というフリーメイソンの会社が供給元です。ダイヤモンドは元々ピラミッド二つを上下にくっつけた形ですが、せっかくのこの形を削って、カットして販売しています。

当然ですが、天然のほうがカットしたものよりも安い。業者はカットで儲けているわけです。

保江　天然のものが売られているのですか。

みつろう　僕の知り合いが売っています。

保江　その反射率は計算しましたか。

みつろう　反射率はデビアス社のほうがいいかもしれません。

保江　測定してみればわかりますね。

みつろう　先生と僕をつないでくれた鳴海周平さんの紹介で、ある先生と知り合いました。彼が、物体の波動を計測する装置を持っていたので、天然のダイヤモンドを測ってみたのです。
そうしたら、滅多に出ないという最強値が出たのです。

保江　それは偶然か意図的かわかりませんが、１００％完全反射できるようになっているのかもしれません。今そのダイヤモンドはどこにあるのですか。

みつろう　ずっと僕の家のタンスの中にあります。裏側も尖っているので身につけると痛そうですが、どうしたらいいのかな。

保江　使わないのではもったいないですよ。
ドーナツ状の台座に刺して、下のとがりが当たると痛いからギリギリで接するぐらいに調整すればいいのです。

みつろう　本当に可愛い正八面体です。それまではきれいにカットされているダイヤモンドしか見たことがなかったのですが、天然のほうがずっと可愛い。

保江　昔、エジプトのファラオや様々な国の王や女王が巨大な宝石をつけていたのは、当時はカット技術も高くないから反射率が高いものがあまり手に入らなかったけれど、少しでも多くのエバネッセントフォトンを得るために、できるだけ大きいものを身につけていたのだと思います。

指と胸、額につけていたら完璧ですよね。ラッパーが額に埋め込んだ話なんて、最高ですよ。

脳のそばですから一番効果があるでしょう。

みつろう　松果体のところですからね。

保江　昔も、王様や女王様みたいなお金持ちが、やはり若さを維持したくて宝石を身に着けていた……。そして、死んでももう1回生まれ変われるように、ミイラを作ったわけです。

みつろう　ひょっとしたらミイラって、エバネッセントフォトンを取り込めば、再生するのではないですか。

保江　話がだんだんノーベル賞から遠ざかりますけれども（笑）。

じつは、ピラミッドは正八面体になっている。下にも同じ形のものがあるのですよ。

みつろう　やっぱり。バシャールからも同じことを聞きました。

「ピラミッドは正八面体ですか」と聞くと、

「上はそうなっているけれども、下半分は物質性がない八面体だ」といっていました。

昔は石灰で化粧されていたけれども、今は、下は物質的にはない。それでも、エネルギー的に正八面体になっていると。

保江　その正八面体の上の部分に王の間などがあるわけです。おそらく王の間というのはお墓ではなくて、死者を生き返らせる場所です。死んだファラオのミイラをあそこに置くと、蘇ってくるという。

じつは、地球もエバネッセントフォトンを持っているのです。

みつろう　地球もどこかが完全反射しているということですか？

保江　地球の地中の奥のほうからは常に電磁波が出ているのですが、それだけではダメです。それはエバネッセントフォトンではなく、普通の電磁波ですから。

ところが、ピラミッドの壁面で反射すると、下ではなく上のほうの空気中に出てくるのです。ダイヤモンドとは逆です。ダイヤモンドは光が上から入って反射して、裏側にエバネッセントフォトンが溜まる。

ピラミッドでは、地球の中心部から電磁波がやってきて100%反射し、ちょうど王の間のあたりにエバネッセントフォトンが溜まる。それをミイラに転写して、生まれ変わらせるための活力、生命力を与えようとしたのではないかというのが僕の考えです。

みつろう　大量のH2Oも一緒にですね。

保江　そのためにはH2Oも必要ですね。

王の間の真ん中には、岩造りのお風呂みたいなものがあるでしょう。昔からあそこに水を貯めていたのだと思います。

みつろう　あそこに貯まった水が、地中から来た電磁波を完全反射して、その中にエバネッセントフォトンが貯まってミイラを包むということですね。

保江　ミイラをあそこまで持ってきて置いて、布の上からその水をかけていたのではないかと思います。すると、干上がったミイラの中に水が浸透していって、下からのエバネッセントフォトンがちょうどその辺りに溜まる状態になります。

それで、生命力をたくさん与えられてファラオが生まれ変わる。そういう事例があったのではないかと思うのです。

みつろう　それで、H80兆O40兆がまた復活するわけですね。

王の間には僕も入ったことがありますが、大きい岩があったように記憶しています。あそこに水があったのですね。

保江　水槽のように、常に水があるわけですよ。

地球の内部からの反射によるエバネッセントフォンを、それに溜めていたのです。その水というのは、結合水になっている、あるいはなりやすい水だったはずです。

映画『スターゲート』には、ピラミッド型の宇宙船の中で、主人公が可愛がっていた現地人の女性を蘇らせたという場面があるでしょう。

みつろう　脚本家も、直観で捉えていたのかもしれないですね。

保江　捉えていると思います。映画のストーリーって本当にすごいですよ。

ですから、ピラミッドの上部分というのは、我々が宝石で光の完全反射を作ったときにできるエバネッセントフォトンから生命力をもらうというのと同じ考え方をもって、地球の中心からの電磁波の波動を活用し、死者を生き返らせようとしたものだと思います。

ここで、例えば岩盤浴の効果を考えてみましょう。

宝石は透明だから可視光線の部分が効いていると思いますが、岩石というのは透明ではないですよね。

みつろう　遠赤外線光域ですね。

保江　透明ではないので可視光線は通さないけれど、遠赤外線などは通したり反射したりする。

つまり、可視光に限らなければ、いろいろなところに様々な周波数のエバネッセントフォトンがある……、それらも全部、生命力なのです。

だから、お金のある王様たちは宝石を身につければいいし、庶民は岩盤浴などをすればいいわけです。

砂漠にある巨大な岩には、生き物がよくやってくるものがあるのですが、これは体の具合が悪くなった動物が、癒してもらいにくるのだろうといわれています。

それから、セドナなどのインディアンの聖地があるでしょう。そこはボルテックスと呼ばれる地球の渦が出る場所です。傷ついたり病気になったりしたインディアンは、何日かそこに留め置かれます。そうすると、本当に回復するのです。

宝石で作られるエバネッセントフォトンだけではなく、地球上にある地形や巨大な岩石などが周波数の違う電磁波を利用したエバネッセントフォトンを生み出して、我々の体を良くしてくれていると考えられます。

みつろう　すると、岩を砕いて飲んだりするのも、体内で乱反射させるためでしょうか。

保江　そうではなくて、岩自体の水が重要なのです。岩はかなり水分を含んでいて、石灰岩なんて水だらけです。カラカラの石灰岩にすごい圧力をかけると、水が出てきますよ。

みつろう　確かに、そういう話を聞いたことがあります。

保江　その水が電磁場と連成して、エバネッセントフォトンを溜めているわけです。それを削って飲むことで、エバネッセントフォトンをもらっているようなものなのです。

みつろう　ミネラルウォーターは、H２Oの中にミネラル、つまり鉱石が溶けているということですね。

保江　そうです。

みつろう　だとしたら、水の部分は５、６個しか分子が連成していないかもしれませんが、ミネラルという小さい岩石がいっぱい入っていると考えると、そこにもエバネッセントフォトンがありますね。

保江　ミネラル豊富な健康に良い水が取れる場所では、ひょっとすると採水地の地球の奥深くからきた岩石に、エバネッセントフォトンがたくさん溜まっているのかもしれません。

みつろう　先生、以前、沖縄県では海底火山の噴火で、大量の軽石が漂着していました。あれは、地球のとても深いところからやってきているのですよね。

保江　そうですね。

みつろう　地球の奥から来ている岩石って今、おっしゃいましたね。だったら流れてきた軽石を食べたらいいのかな。

保江　乳鉢で擦って粉末にしたらいいかもしれませんね。

みつろう　拾いに行ったのですが、僕の握力でも砂になるぐらいに柔らかいのです。

保江　水が石の形態にしているだけですから。

みつろう　結合状態としてはスカスカですよね。

保江　はい。最初の生命は、海底火山の近くで誕生したといわれています。

みつろう　そうですね。最初は熱水鉱床から生まれたといわれていますね。

保江　ということは、エバネッセントフォトンと水の巨大分子が生命の本質だとすると、やはりそういうところから生命が生まれたと考えられる。目の付け所がいいですね。
　軽石はできるだけ小さくしたほうがいいです。

みつろう　食べなくても、身の周りに置いておくだけでもいいのでしょうか。

保江　砂風呂みたいに、軽石風呂にしたらいいでしょう。軽石の中に浸かれば元気になりますよ。

みつろう　地球の奥から来ているから、エバネッセントフォトンをたくさん取り入れているものですよね。捨てる場所に困っていますから、一石二鳥ですね。

保江　軽石風呂は、健康促進に絶対にいいですよ。
　それから、海洋深層水、あれもまた不思議なのです。太陽光は浅いところまでしか届かないから、深層には光がないといわれていますが、それは可視光線がないだけです。

みつろう　可視光はなくても、波長が違う光がありますね。

保江　しかも、地球が放出している、海底からきている電磁波を常に浴びているので、海洋深層水は生命に対してプラスの影響を与えやすいそうです。

みつろう　僕も飲んでいます。沖縄では、自動販売機に必ずといっていいほど海洋深層水がありま す。

保江　そんな自動販売機があるのですか。

みつろう　ここで、裏話をしますと、ボトル一本の水道水にキャップ一杯の海洋深層水を入れたら、それは海洋深層水として売っていいということらしいです。以前調べたら、実際にそういう水を販売している業者もあるということでした。

保江　キャップ一杯分だけであっても、本当の海洋深層水が入っているわけですよね。他県で販売されている海洋深層水は、水を汲み取るパイプは長いけれども遠浅だから、深層水といってもそんなに深いところから採っているわけではないのです。

みつろう　深度がないわけですね。沖縄のは1000メートルの深さといっていたので、相当深いです。

保江　じつは、その事業をしている方と知り合いなのです。実際に、第三セクターで会社を作って始めた人です。

最初は、海洋深層水は体にいいはずだからと、みんなでいろいろと試してみたのです。

塩分を除去してから植物に与えてみたのですが、全部枯れてしまいました。

みつろう　真水にしても枯れるのですか。

保江　それから、養鶏業者に頼んで鶏の餌に混ぜてもらいました。きっと鶏が大きくなるだろうと思ったのに、これも死にました。

それで最後に、自分たちで飲んで確かめようということになりました。

みつろう　勇気がありますね。植物が枯れて鶏が死んだら、それは体に良くないだろうと思わなかったのでしょうか。

保江　どう考えても海洋深層水はいいもののはずなのに、なぜだかわからず、研究員が全員、音を上げたのです。

ある夜、その第三セクターに派遣されていた事務長さんが、息子さんと川沿いを散歩していたら、三角形の巨大な物体が飛んでいるのを見たそうです。

「最近のアメリカ軍は、変わった飛行機を作っているんだな」と思った瞬間、意識がなくなって、気が付いたら河原で親子二人して寝ていたというのです。

時計を見たら2、3時間は経っていて、びっくりしてすぐに息子と帰宅しましたが、そのときはただ、不思議な経験だったなと思ったくらいでした。

ところがその後、なぜか頭の中に、ある比率が浮かんできて離れなくなりました。

彼が会社に行くと、海洋深層水の研究員たちが、

「もうダメだ、この水はどうしようもない」といっているのが聞こえたので、思わず、

「だったら、この比率で普通の水と混ぜてみたらどうか」と提案したそうです。

もちろん研究員はみんな笑って、素人のいうことなど相手にしてくれません。

そこで、休みの日に会社に行って、自分で試してみたそうなのです。

みつろう　自ら実験したわけですね。

保江　作ってみて、まず知り合いの農家に持っていき、使ってみてくれないかと頼みました。

するとまずゴーヤがとんでもなく大きく育ちました。それでスイカに使ってみたら、巨大になって、大きすぎたために運搬しようとするとすぐに割れてしまって、商売には使えなかったそうです。

みつろう　生命力が強くて大きくなりすぎてしまった……。

保江　でも中まで甘いし、ゴーヤも美味しかったと。

　その後のあるとき、海洋深層水を汲み上げているポンプ機械の受け皿のところが故障したというので、見に行くとそこが盛り上がっていたそうです。いったい何だろうと思ったら、魚がワーッと寄ってきている。今まで一度もそんなことがなかったのに。

　そこで調べてみたら、ポンプが引き上げている海洋深層水が、海面で垂れ流しになっていたというのです。つまりそこで、普通の海水と海洋深層水が混ざっていたのです。

みつろう　ちょうどいい比率になっていたわけですか。

保江　そのあたりに、魚がわんさか集まってきたのです。

　それで、どうやら魚にもいいらしいとわかり、その比率にした水を遠洋漁船で捕ったマグロの鮮度保持に使ってみると、劣化しないことがわかりました。

　当時、沖縄沖で捕ったマグロを築地市場まで持って行くにはずいぶん時間がかかって、どうしても鮮度が落ちていました。

　ですから、普通は尾を切って鮮度を調べるときに「これはちょっと落ちるね」となるのに、その水を使うと、昨日捕ったのかと思うくらい鮮度がよくなったのです。
そこで、その水を売り出してみたところ、ブラジルやメキシコのほうからも注文がきたので、いちいち測って混ぜるのは大変だから、工場でオートマチックに作って、どんどん出荷しました。ところがそのうちに、返品されてくるものが出始めました。その一方で、素晴らしいという評判もあって、いったい何が違うのか全然わからなかったのです。
そんなある日、その比率を見つけた事務長さんが出張から帰ってきました。彼はいつも一番早く出社して機械のスイッチを入れていたのですが、出張の間は別の人がスイッチを入れていました。すると、事務長さん以外の人がスイッチを入れたときにできたものは、全部返品されていたことがわかったのです。

みつろう　事務長がスイッチを押したものだけが効果があるという、相関関係がわかったのですね。

保江　それに気づいたみんなは不思議がっていました。
さらにそうこうするうちに、事務長さんの息子さんが会社に遊びにきました。そして、スイッチを押させてというのでやらせたのです。すると、息子さんが押したときにできたものも大丈夫だったという。

みつろう　ということは、事務長さんの意識は関係ないのですね。

保江　……事務長さんと息子さんは、一緒にＵＦＯに乗っていたでしょう。

みつろう　そうだったのですか。二人はなんらかのパワーを得ていた……、だから、この二人がスイッチを押さなくてはいけないわけですね。

保江　つまり、単に海洋深層水だからいいというわけではなかったのですね。

水に関しては、まだまだ不思議なことがたくさんあります。

最初に話が出たように、水を回転させたら性質が変わるというのは実際にあります。

水については、現場で様々なことを発見したときに、それが常識に合わないとか科学的な説明ができないという話をよく聞くのです。

でも、本当にわからないというのが正直なところです。まだまだ未知な部分が多い。

ところで、先ほどのダイヤの話の続きですが、１００％完全反射のダイヤを作って売っている、アルカダイアモンドという会社があります。でも、その社長さんは営業マン上がりだから、エバネッセントフォトンなんてわからないわけです。

みつろう　１００％完全反射のダイヤがすごいことはわかっているけれども、その理由はわからないと。

保江　すごいことは経験的にわかっているので、そのことを研究したいからと、筑波大学の大学院の社会人入試枠で受験したのです。でも、落ちてしまいました。

みつろう　筑波大学なんて難しいでしょうから。

保江　しかも年配で、社会に出てからかなり経つ人ですからね。

その彼が、試験に落ちて、これでもう理由を知ることができないとがっくりきていたタイミングで、たまたま僕の講演会に来られました。

何をやっていらっしゃるのかをうかがうと、ダイヤモンドの会社の社長ということでした。そし

て、

「よくわからないのですが、何か体に良さそうなダイヤなのです。でもこんなことをいうと、みんなからおかしがられて」とおっしゃるから、どんなダイヤなのかを聞いたところ、

「１００％完全反射するカットのダイヤです」と。

「それはエバネッセントフォトンですね」といって今の話を説明してあげたら、驚かれました。

「その体にいいというダイヤの台座は、ドーナツ型に穴が開いているでしょう」と聞くと、

「もちろんです」とのお返事でした。全部ドーナツ型で、穴に向かってダイヤの底が出っ張っていないとダメなのだそうです。

ユングとパウリは、協力してテレパシーを解明していた！

みつろう　石のお話がどんどん出てきて面白いですね。これも連成波がなせる同期でしょうか。

保江　透明な宝石は、可視光線の部分の電磁波を通します。また、石や岩は可視光線は透過しませんが、遠赤外線は通します。

みつろう　紫外線領域も通すかもしれないですね。

保江　例えば頭蓋骨は、可視光線は透過しません。だから頭の中は見えないでしょう。もちろんレントゲンでは見えますが、それ以外に、遠赤外線という波長の長いものでも見えるのです。遠赤外線は、頭蓋骨を通って脳みそが見えます。

みつろう　中身がばれてしまうのですか。

保江　ばれますよ。つまり、遠赤外線の電磁波でつながれるので、通信ができるわけです。だから、以心伝心という現象は現実にあります。

これは、超能力ではありません。

僕が海外に出ようと決意したとき、たまたま採用してくれた教授がスイスのジュネーブ大学のエンツ先生です。

この方は、スイスの超有名な理論物理学者で、ノーベル物理学賞も取った「パウリの排他律」で知られるパウリ（＊ヴォルフガング・エルンスト・パウリ。１９００年～１９５８年。オーストリア生まれのスイスの物理学者）の助手だった人です。

パウリが死んだときに、パウリの書斎とか研究室にあった書きかけの論文を全て彼が整理して、その論文を自分の名前で出して有名になったという噂もあります。

そのエンツ教授が、僕がスイスに行ったときに歓迎会を開いてくれて、その後、飲みにいこうと誘ってくれました。

そのときに、だいぶ酔ってきたエンツ教授が面白い話を教えてくれました。

自分が助手をしていたあの偉大なパウリ先生は、じつは精神病の患者だったというのです。調べると、確かにそうらしい。理論物理学者というと、精神的におかしくなる人が多い。僕を見ればわかるでしょう（笑）。

みつろう　先生には、まったくおかしいものは感じないです。素晴らしく統合されているなとしか思っていません。

保江　ありがとうございます。
なんとそのパウリ先生は、精神病の治療に、あの精神分析学で

ヴォルフガング・エルンスト・パウリ

有名なユング（＊カール・グスタフ・ユング。1875年～1961年。スイスの精神科医、心理学者）のところに通っていたそうです。二人ともチューリヒにいました。

ユング先生がチューリヒ大学医学部の講師で、パウリ先生がチューリヒ工科大学で物理学の教授だったそうです。

みつろう　そんなにすごい偶然があるのですね。すごい出会いですね。

エンツ教授（左）と保江邦夫博士（右）

保江　パウリ先生は、最初は患者として医師であるユングに接していましたが、そのうちに、ユングが超能力も研究していたことがわかりました。テレパシーとか予知夢とかについてですね。

パウリには伝説があって、理論物理学ではすごかったし数学にも強かったけれど、実験物理学は全然ダメでした。彼が実験室に入っただけで実験装置が故障して動かなくなるので、来るなといわれていました。これは本当のことです。

それで、パウリが自分で自分のことを精神病じゃないかと思って、当代一の精神分析医のユング先生が同じスイスのチューリヒにいたから診てもらいに行ったわけです。

みつろう　その時点ではすでに、ノーベル賞を取っていますよね。

保江　はい。そして、超能力の話にパウリが興味を持って、二人で共著の本も出したし、それは日本語にも翻訳されています。

カール・グスタフ・ユング

チューリヒ郊外のユング研究所

みつろう　すごい話ですね。

保江　その本のことは、僕も知っていました。

ところが、そういう一般向けではない論文も残っているというのです。それは、テレパシーについて、ユングとパウリが共著で書いた論文です。

しかも、当時パウリが学会に発表したばかりの電磁場の量子論である量子電磁力学を使って、脳と脳との間の電磁的、量子論的相互作用をもってテレパシーを解明したというのです。日本では朝永振一郎（＊1906年〜1979年。日本の物理学者）先生がノーベル賞を取った、その電磁場の量子論を使ってですよ。

僕は、その話を聞いたときは信じていなかったのですが、エンツ先生が、明日、研究室に来たら見せてやるというので、翌日にのこのこ行ってみたのです。

ユングの研究室の窓には猫が出入りできるスロープが設置されていた

そうしたら、当時はまだコピー機がなかったので、青焼きにしたパウリとユングの直筆の原稿がありました。それは、量子電磁力学の数式が全部書いてある、本当に脳と脳の間の電磁波、量子電磁力学的相互作用によってテレパシーというものが成り立っているという論文でした。

「なぜこれがきちんとした学術論文になっていないのですか？」とたずねると、

「そうするつもりだったけれども、所有権のあるパウリ先生の未亡人に見せたところ、『これだけは出さないでほしい。ノーベル賞を取った夫の名声が崩れ落ちる』といわれたから」と。

みつろう　もったいないですね。奥さんのプライドが邪魔したのですね。

保江　結局、残っていたのはその手書きの原稿だけで、それも奥さんが引き上げてしまいました。でも幸い、青焼きが残っていて、僕はそれを見ることができた。

みつろう　本物の複写版をご覧になったのですね。

スロープ上の猫

保江　幸い、僕は見たものは忘れないのです。

みつろう　それってすごいですね。20代の頃のお話ですか。

保江　そうです。青焼きにあった数式の展開は全部覚えています。

みつろう　先生ってやばいですね。20代の頃見た数式を今も思い出せるなんて。

保江　僕はその論文を再現できるから、発表はできるのです。

みつろう　発表すればいいのに。多分奥さんはもう亡くなっていますよ。

保江　それはちょっとね……。結局、そこでも大事なのが脳細胞の水なのですよ。

みつろう　その論文にも水のことが書いてあったのですか。

保江　いいえ、水のことは残念ながら書いていなかった……、そこが甘かったと思います。

みつろう　先生がそれを付け加えて、パウリとユングと保江共著として出すべきです。

保江　量子電磁力学とか量子力学の効果というのは、かなりの低温、マイナス200℃くらいにならないと現れてきません。
量子論とか量子力学は必要ないと主張する人たちはそこを指摘するのですが、水が関わるとそれが変わるのです。

みつろう　常温でいいのですか。

保江　はい、40度までだったら大丈夫です。

みつろう　それは計算上ですね。

保江　そうです。これはじつは、麻酔の効果についても説明できます。
ただ、僕と助手が見つけたH80兆とO40兆の理論、エバネッセントフォトンの理論では、40度ぐらいまでは巨視的量子（＊ミクロな波動的性質がマクロに現れる現象）効果として量子論的な影響が出てくるということはもう示されています。
これを巨視的コヒーレンスといいますが、レーザー光線も同じ理論です。レーザー光線も純粋な量子効果ですが、巨視的に誰でも使っていますね。

みつろう　レーザーは量子的なものなのですか。

保江　もちろんそうです。

みつろう　僕の数式を使わない知識だと、量子力学のミクロな世界がある程度は司（つかさど）れる部分と、僕たちのマクロな世界の部分になぜか隔たりがあって、一方で起こる効果を他方まで引っ張れないということを聞いたことがありますが。

保江　起きる効果のうち、純粋なものは引っ張れません。
　しかし、例えば水が凍るのも巨視的量子効果です。

みつろう　水がなぜ凍るか、今の科学では説明できないらしいですね。最初のきっかけがわからないとか。

保江　ところが、巨視的量子効果で、素粒子論でも使われている南部陽一郎（＊１９２１年〜

2015年。日本の理論物理学者）先生の自発的対称性の破れ理論（＊理論自体はある対称性を持っているが、実際に実現する状態はその対称性が保たれていない状態になること）を使うと、全部が説明できるのです。

氷になるのも、自発的対称性の破れ理論に基づく巨視的量子効果といえます。それと同じことが、体の中の水分と光のエバネッセントフォトンで起きているわけです。

つまり、これは巨視的量子効果であって、1個や2個の水素原子にしか当てはまらない量子力学効果ではないのです。

みつろう　量子力学もですが、小さい世界は不思議ですね。

保江　水素（＊水素原子。陽子〈H+〉と電子〈e-〉が対になっている宇宙で最初にできた物質）は陽子と電子が一対一だからいいのですが、そもそも水素の周りに何の物質もないと考えた計算式が今の科学です。

三体問題という問題があります。二つまでは計算式で簡単に解けるけれども、そこに第三体が現れた瞬間に誰にも計算できなくなるのです。

水素では、プロトン（陽子）と電子だけが回っているという説明はできますが、周りの物質などの影響は考えていないわけです。
結局、完全に分離していることを前提とした、ありえない机上の空論で科学はできているのですね。

みつろう　それを、巨視的に広げられるのですか。

保江　そうです。それをきちんと理論化したのは、梅澤博臣（＊1924年〜1995年。日本の物理学者）先生です。湯川秀樹（＊1907年〜1981年。日本の物理学者。日本人として初めてノーベル賞を受賞）先生に大抜擢された超天才で、名古屋大学で量子力学や素粒子論の研究をした方です。

湯川秀樹

残念ながら、素粒子論や量子論の分野の専門家は、ほぼ名古屋大学か京都大学出身の人しかいませんでした。
そこで、東大の教授たちが湯川先生に、「東大にも素粒子論や量子論がわかる教授を置きたいから、一人紹介してくれ」と頼んだところ、湯川先生の右腕だった坂田昌一（＊1911年〜1970年。日本の物理学者。湯川秀樹、朝永振一郎とともに日本の素粒子物理学をリードした）先生が、梅澤先生を紹介したのです。

坂田先生は、名古屋大学の物理の教授だったのですが、その下にどういうわけか工学部電気工学科の学生が入り浸っていました。この学生が、若き頃の梅澤先生です。

ですから、この頃の梅澤先生は純粋に物理を学んでいたということではないのですが、むちゃくちゃ頭が良くて、坂田先生が「彼はすごい」と、湯川先生に紹介しました。

湯川先生も気に入って、東大が素粒子論とか量子論の研究者を一人紹介してくれといってきたときに、なんと電気工学の梅澤先生を送り込んだのです。

東大では、やっかみから足を引っ張られましたが、それでもたいへんな天才でしたから、誰もかないませんでした。

みつろう　反感を買ったわけですね。

保江　もちろん、反感を買いました。

梅澤博臣博士

みつろう　素量子の物理学者をよこせといったのに電気工学の人間をよこしやがって、東大をなめんなよと。

保江　そう、その上、東大の教授たちが太刀打ちできなかったのですから。それでも、別の方面からいびり倒しました。

結局、東大に籍を残したままイタリアのミラノ大学とか、アメリカの大学の教授を兼務して海外で活動していました。その隙にクビにしたのです。

その後はずっと、外国で教授をされていました。

みつろう　東大ってそんな感じなのですね。

保江　いわゆる学問一つで勝負するのが京都大学や名古屋大学なのですが、東大は権力のピラミッドが好きなのです。元々、役人を育てる大学ですから。

パート2　この宇宙には泡しかない——神の存在まで証明できる素領域理論

みつろう　そもそも東京というのは、皇室にとっては京都御所の仮住まいのようなところだといいますものね。明治天皇がたまたま東京に行くぞといって、仮に建てた御所だと。

保江　明治天皇がおっしゃったわけではなく、半ば無理やり連れていかれたのです。要するに、明治新政府の連中が、天皇陛下を京都から離したかったわけですよ。

みつろう　皇居というのは、最終的には京都に戻るという体（てい）で造られていると聞きますね。大嘗祭（だいじょうさい）も昔は京都でやっていましたし。

保江　だから、今も京都の人々は、陛下はちょっと東京に行かれているだけで、そのうち戻ってこられますというスタンスです。

みつろう　そして、いつでも戻っていらっしゃれるように京都御所をちゃんと整備している。

保江　そうです。そもそも明治陛下も、ときどきお忍びで逃げて京都に行かれていたのです。
そのときは御所にはお入りになれないので、御所の近くに陛下が秘密裏にお泊りになれる場所があったそうです。

みつろう　素粒子物理学とか量子論は、まさに今の時代を統合的に判断しているというか、現代科学のトップにあると思うのです。
その学問でもやはり京都大学が抜きん出ているし、天皇も京都にお戻りになると考えられているということは、京都とはすごい場所なのですね。

保江　僕も京都は好きですね。大学院のときにいましたし。

みつろう　先生も、京都大学の大学院にいらしたのですか。

保江　はい。僕は、京都大学の大学院生時代に下宿をしていたのですが、そこは、銀閣寺から南禅寺のほうに続く疎水の近くにありました。

そこに沿った道は哲学の道と呼ばれていて、春は桜が満開で、昔、西田幾多郎（＊1870年〜1945年。日本の哲学者。京都学派の創始者）という京大の哲学の教授がいつも考えごとをしながら散策していた、本当にきれいなところです。

その当時、僕は時代劇が好きで、テレビでもよく時代劇のドラマを見ていました。当時の時代劇スターで一番のファンだったのが、栗塚旭でした。今もご健在です。

土方歳三役で有名で、今も昔も渋い役者さんです。

さて、僕も哲学の道でよく散歩をしていたのですが、そこから見える大豪邸があり、栗塚という表札が掛かっていたからあるとき下宿のおばさんに、

「あれ、まさか栗塚旭の家じゃないですよね」と聞くと、なんと本当に栗塚旭の家だったのです。

その大豪邸の庭にイギリス風の庭園を眺める非常に洒落た喫茶店があり、下宿のおばさんによると、栗塚旭のお姉さんがやっているから、ひょっとして栗塚旭もお茶を飲みにくるかもしれないとのことでした。

僕はそれを信じて、大学に行くより「若王子」という名のその喫茶店にばかり行っていたのです。

結局、一度も会えずじまいでしたが。

みつろう　京都というと、喫茶店に通った思い出なのですね。京都大学ではなくて。

保江　京都大学については、最初は自転車で通っていたのに盗まれてしまって歩いていかなくてはいけなくなったから、面倒でだんだんと足が遠のいた……、という思い出だけです。簡単な理由ですね。

そして、少し前になりますが、京都に行く機会がありました。

２０２２年に亡くなられましたが、松井守男氏というピカソの最後の弟子である画伯の展覧会を見に行ったのです。ピカソの最後の弟子が、日本人というのは興味深いですね。

彼はずっとフランスにいて、レジオンドヌール勲章ももらっているほど偉大な画家で、以前、NHKの『日曜美術館』にも取り上げられていました。

その方の展覧会が始まる前日の夜に、関係者だけを集めたパーティーがありました。

その参加者の一人から場所がわからないという連絡があり、僕は会場の外でその人を待っていたのです。

三条通りに立っていたのですが、向こう側の歩道を白髪の老人が歩いてきたと思うと、ふっとこっちを見て僕に向かってなにかを叫んでいるのです。

みつろう　老人に叫ばれるとは、気になる展開ですね。

保江　耳をすませてみると、

「君の立ち姿は美しいな」とおっしゃっていたのです。僕はただ立っていただけなのですが。

「ありがとうございます」というと、その方はなんと信号を無視してこちらに渡ってきたのです。

みつろう　立ち姿を褒めてくれても、交通ルールを全然守っていないという（笑）。

保江　それで、

「俺は人を見る目はあると思うんだけれども、君の立ち姿は本当にいいよ。なんで君はこんなところに立っているの」といわれて、

「ここでやっているパーティーへの参加者を待っています」というと、

「どんなパーティーなの？」と聞くので、

「絵画の展覧会のお披露目パーティです」と答えました。

「じゃあ、君は画家かね」

「いえ、物理学者です」

「物理学者がなんで画家のパーティーに来ているの？」と。

　すると、そこに男女二人組が通りかかって、男性が僕に向かって。

「保江さんじゃないですか？　よく動画を見ています。本も読んでいます」とうれしそうにおっしゃるのです。彼らは札幌から観光に来て京都に着いたばかりで、歩いていたら僕を見かけて、声をかけてくれたそうです。そして握手をしていたら、それを見ていた白髪の老人が、

「君たち札幌から来たのかね。僕も札幌生まれだよ。役者なんだけど、栗塚旭っていうんだ」と
……。

みつろう　ええ？　あの栗塚さんだったんですか？　そんな偶然が……。

保江　栗塚旭だって……と驚きつつもう一度しっかりとお顔を拝見すると、まさしく僕がよく観ていたドラマの頃のお顔立ちそのものでした。
　そのときは役柄のために髭を貯えられていて、帽子もかぶっていたので、すぐにはわからなかったのです。とはいえ、ずいぶん鼻が高くて整ったお顔で、若い頃はさぞかし二枚目だっただろうな

とは思っていました。
なんと栗塚旭ご本人だったとは……、本当にびっくりしましたよ。

みつろう　そうですよね。大学生の頃に憧れていた人と京都という場所で会うなんてね。

保江　「じつは昔、僕はお姉さんがやっていた『若王寺』という喫茶店に通っていたのです」というと、
「そうかね。もうあの屋敷は手放して、今は別のところに住んでいるんだけれどもね。じつは僕も、今日ここに来る予定はなかったんだ」とおっしゃいました。

みつろう　不思議ですね。

保江　彼は札幌を出て京都に来て、親戚の家に住みながら高校に通っていたそうです。
その頃に演劇に興味を持って京都市内の劇団に所属して、初めて舞台に立たせてもらった場所が、その日パーティーをしていたそのビルの2階にあったのです。
ふと懐かしく思って来てみたら、その建物の前に僕が立っていたというわけです。
栗塚さんは剣術家でもあり、実際に剣術師範で、殺陣（たて）もやります。

そういう憧れの人から、立ち姿が美しいといわれて舞い上がってしまいました。

みつろう　すごいですね。そんなことがあるんですね。

保江　こんな素敵なハプニングが起きるのですよ、京都では。

みつろう　京都だからですか。

保江　僕は京都だからだと思います。京都の町にはそういうパワーがあるのです。京都の文化の力。何千年の歴史ある京都の魅力。今でも僕は京都が好きで、月に1回は行っています。行くと、本当にほっとします。

みつろう　そういう場所だから、量子力学の権威たちがいたのでしょうね。

保江　京都の町で、熟成させてもらえるのでしょう。

みつろう　場からもらえる何かがあるのでしょうか。

保江　ちなみに、京都大学の人は勉強はしていませんでした。

みつろう　そうはおっしゃっても、隠れてしているんじゃないですか。

保江　いや、少なくとも僕が通っていた頃はしていませんでしたね。僕もそうだったけれども、大学に行くのはだいたい夕方から。

みつろう　昼間は喫茶店に行かないといけないから（笑）。

保江　他の人も昼間はブラブラしていたのか、夕方から大学に行って、一晩中ワーワーいいながら研究室などにいますね。そして明け方に戻って、それから寝たりする。

大学にさえ来ずに、下宿から一歩も出ない奴もいました。もう本当に好き放題、勝手なことをやるのが京大生です。

単位だってすごいんですよ。今はコンピューターで管理していて無理だと思うけれども、昔は授業を受けて単位をもらうのに、先生にハンコをもらったらそれでOKとかね。
僕の同級生に強者がいて、毎週火曜日の4時限目に3つの授業を受けたことにしてそれぞれの単位をもらっていました。人は同時に二つの場所にはいられないという、いわゆる「アリバイ」の考え方からはありえない存在の仕方をしていたなどと主張してね。

みつろう　ご本人が3人に分身していたんですね。ばれないんですね、そういうことが。

保江　そこまでチェックはしていないし、ばれたとしてもいちいち指摘もしなかった。
本当に、そういうおおらかな雰囲気が枠にとらわれない思考を育ててくれるのです。

みつろう　本当にあるんですね、醸(かも)すものが。

保江　それで醸されたらすごい発見ができる。理屈ではないのです。
もし、日本のどこかに神様がいるとしたら、僕はまずは京都にいるといいます。京都の町に入った瞬間、空気が変わります。
修学旅行も、外国人客も、単に観光地として有名だからとか、古都が珍しいから行くのではなく、他にも何かがあるからなのです。

例えば、京都に住み着いている外国人はとても多いですね。外国人の中でも、特にフランス人が多い。

フランス人は文化的レベルの高さとか、精妙な感性がわかる人が多いのですが、長屋のようなボロボロのところに住んで喜んでいるのです。

仏像の微笑み——空間には、全ての記憶が残っている

保江　フランス人と京都で思い出すエピソードがあります。

僕の下宿から歩いて10分のところに、法然院というお寺がありました。浄土宗の開祖、法然上人ゆかりの寺院です。

こじんまりした古刹（こさつ）でほとんど観光客もいないのですが、とてもいい場所です。庭についても、決して美しく整えられているというわけではないのですが、静けさと、得もいわれぬ何かがある。

本堂の裏にもちょっとした庭があって、そこの崖の上には洞穴があり、仏像が安置されています。いつもそれを正面にして座って、僕は心癒されていたのです。

ある日、日向ぼっこをしながらやはりそこで仏像を眺めていると、なにやら騒がしい音がして静けさが破られ、嫌だなと思って見たら、白人のグループ、5、6人が来てフランス語で話していました。

なんとなく聞いていたら、京都に住んでいる人ではなく、観光客のようでした。そして、ここは裏庭だから大したことがない、あっちの庭のほうがきれいだったとかいいながら、なおざりに見ている感じだったので、僕はカチンときたわけです。

みつろう　大事な庭をけなしやがって、と。

保江　本当はさっさと消えてくれて静かになるほうがよかったのに、一言いいたくなってしまったわけですよ。そうなると昔からなのですが、ちょっと頭の回転が速くなるのです。

それで、フランス語で、

「もう帰るの。これから一番大事なところなのに」といってしまったのです。そういいながら自分では、「なんでこんな馬鹿げたことをいっているんだろう」と考えていました。

ですがもう止められない。リーダー的な男性が近づいてきて、

「ここでこれから何かあるの？」と聞いてくるから、

「これから、仏陀が微笑んでくださるんだぜ」といってしまったのです。

するど、全員が僕の横に並んで座り始めました。僕は心の中では、「やばい、根拠なくおかしなことをいってしまった。もう、移動してくれたらいいのに」と思っていたのですが。

みつろう　自分でいったのに。

保江　みんなは、仏像がにっこりしてくれるのを待っている。でも、仏像がにっこりなんてするわけないじゃないですか。もう、いつ、どのタイミングで逃げようかばかり考えていたのです。

すると、夕方になって日が傾いてきて、洞穴の入口近くにある仏像に日が当たり出した。まず、あごの辺に当たって、だんだんと口元まで上がってきました。

その光の当たり方で、口元がまるでニコッと笑っているように見えたのです。

えーっと驚いていたら、外国人たちが、

「わーすごい！　よくぞ教えてくれたね。君は毎日これを見にきているのか」と騒ぎ出したのです。

みつろう　今日初めて見ましたけれども（笑）。

保江　というような辻褄合わせを、京都という町はしてくれるのですよ。鎌倉とか奈良では起こらないでしょうね。

みつろう　実際、京都で育ってきた人の意識というのは、空間に保管されるような気がします。

保江　そのとおりです。

みつろう　仏教には八識（＊八つの対象を認識する作用。眼識・耳識・鼻識・舌識・身識・意識・末那識・阿頼耶識）がありますよね。

最終的に阿頼耶識に行って、空間が、そこに入った者たちの記憶データを薫習（＊時間をかけて布に香りが染み付くように、願いや思いが相手に伝わること）として保管している、というのが仏陀の教えです。

保江　はい、そのとおりです。

みつろう　その阿頼耶識というのが、全てを動かしている元なのだろうとなんとなく思っています。よく講演会で話すのですが、僕は今、この空間に来ているからこういう動きをしています。僕が葬式という空間に来たら、それに合った動きをするわけです。もし交差点で急にお焼香を始めたらおかしいですよね。

それはある意味、空間が僕を動かしたといえます。

僕が小さい頃に、シンバルを叩く猿のおもちゃがあったのですが、大人になって子供が生まれておもちゃ屋さんに行ったら、それがまだあったのです。でも時代が進んでいるので、囲われた空間の中をローラーで動くようになっていました。

見ると、ある場所に来たときだけシャンシャンとやって、外れたらやらない。シンバルを打つ場所には多分wi-fi的な何かが飛んでいて、それを感知した瞬間だけ動くようになっているようでした。

それこそが、「阿頼耶識だ」と思ったのです。僕たちも、交差点で手を上げて渡るとか、そういう慣習がこの空間にも満ちていて、薫習と仏陀がいったように、京都にもおそらくずっと育まれてきた何かがある。

保江　空間に全ての記憶が残っていますからね。

湯川秀樹博士の素領域理論からのスタート

みつろう　先ほど、テレパシーも頭蓋骨を透過することができるとおっしゃいましたね。

保江　あくまで、パウリとユングがたどり着いた、量子物理学的な解釈ですが。

みつろう　それは、空間に水が満ちているからでしょうか。

保江　脳細胞の周辺に水があるからそれができるのです。全ての空間には必要はありません。

みつろう　では、空間の媒質は何でもいいんですか。

保江　何でもいいし、真空でもいいです。

こんな話もあります。月面に降り立った宇宙飛行士が、計測装置のスイッチの入れ方をど忘れしたことがありました。10分以内に入れる必要があるのに、地球に連絡している時間もない。あわてているうちに声が聞こえてきて、そのとおりやったらスイッチをうまく入れられたという。

みつろう　宇宙空間には水分子がないのに、どこかからのテレパシーを受け取って大丈夫だったのですね。

保江　水がなくても通信ができるわけです。

みつろう　それは、何が起こっているのですか。

保江　じつは、人間が保持する水分子のH80兆O40兆、それが本質だと、今から20年前に大腸がんで死にかけるまでは思っていました。

みつろう　20年前のお話ですか。ということは、そこから20年分のアップロードがされているのですね。

保江　そうなのです。でも、マイブームはとっくに終わっています。

みつろう　一周して、そこにも飽きているのですね、先生は。

保江　もう飽きていますが、全部覚えています。

20年前までには、量子電磁力学などの巨視的量子効果等で、テレパシーや人間の意識、統合問題を解決しました。

そうしたらその研究のときの無理が祟って、大腸がんになりその手術中に2分30秒死んでしまったのですが、それから不可思議なことが起きるようになりました。

カトリックの聖地と呼ばれているルルドに行ったりいろんなことがあって、だんだん神様というか、この宇宙の背後にあるものは何だろうと考えるようになったのです。

そのときにちょうど、湯川先生が晩年出された素領域理論……、これは、空間の微細構造についての理論なのですが……。

みつろう　場の量子論（＊場を量子的に調べる理論）とも違うのですか。

保江　まったく違います。場の量子論も量子力学も普通の物理学も、空間には言及していないのです。一般相対性理論だって、空間はすでにあるものとしています。

みつろう　空間自体は計算式には入っていないと。

保江　入っていますが、それは幾何学的な数学で表される単なる広がりです。曲がったりはあるとしていますが、広がりとしてしか認識されていなかったわけです。

そこに、湯川先生は初めてメスを入れました。

「本当にそうなのか。空間もこの素粒子1個ぐらいのところを見ていけば、巨視的な見方のときのように、のぺっとした空虚な広がりとは思えない」と。

それで、空間の最小構成要素として、泡みたいなものを考えたのです。そしてそれを素領域と名付け、素領域理論を1964年に提出されました。

ですが当時は、誰も理解できなかったのです。

みつろう　時期が早すぎてわからなかったのですね。

保江　直属のお弟子さんたちも、「ついに湯川先生も片足を棺桶に突っ込んだな」という始末でした。

みつろう　バカバカしいと。

保江　その素領域理論を受け継いだのは、唯一僕だけです。

「そんなものを研究していたら飯を食えないぞ」とか指導教官に文句をいわれながらも、僕は絶対にこれが真理だと思って素領域理論をずっとやっていたわけです。

その後、スイスに行ったら、マイブームが去ってしまいましたが。

みつろう　では、先生の研究は伝わっていないのですか。

保江　弟子にはちゃんと伝えています。

みつろう　素領域理論もですか。

保江　素領域理論は現在、僕自身の興味がまたカムバックしています。
じつは素領域理論を使うと、テレパシー、阿頼耶識など、この宇宙の構造が全部わかるのです。
一般相対性理論も量子力学も、じつはわかります。

みつろう　矛盾せずに組み込めるということですか。

保江　もちろんです。

みつろう　それはもしかして、大統一理論ということですか。

保江　超基本理論です。この統一理論も何もかも、全ては量子力学というものの上に成り立っています。一番の基本は、量子力学です。
では、量子力学の基本はというと、シュレーディンガー方程式（＊エルヴィーン・シュレーディンガー。１８８７年～１９６１年。オーストリア出身の理論物理学者。ノーベル物理学賞受賞）とかディラック方程式（＊ポール・ディラック。１９０２年～１９８４年。イギリスの物理学者。シュレーディンガーと共にノーベル物理学賞を受賞）などになっています。

エルヴィーン・
シュレーディンガー

ポール・ディラック

なぜシュレーディンガー方程式が成り立つのかについては、もう誰も何もいわないのです。いわないというよりいえない。本質的なところが理解できていなくても、実際、実験した結果とは合いますから。

ところが、僕が湯川先生の素領域理論に感銘して先生のところに押しかけて、研究させてもらえるようになってよかったことがあります。

僕がいうとあの世から怒られるかもしれませんが、じつは、湯川先生はそんなに数学がお得意ではなかったのです。よく授業中にも間違えていました。直感はすごい方なのですが、コツコツやるのは苦手だったので、数学もそんなにお好きではなかったのです。

僕はわりと数学は好きだったので、普通の物理学者が知らない数学の分野を知っていて、そこを総動員して素領域理論、つまり、空間の超微細構造は泡のようなものの集まりだということだけから出発しました。

粒子というのは、素領域から素領域にピョンピョン跳び移るわけです。本当の空間はのぺっとしていないから、素粒子がピューッと飛んでいたというのは、よく見ると、泡から泡に電子という素粒子が飛び移っているだけなのです。

泡の集合が、空間です。

素粒子は泡の中にしか入れないから、隣のちょっと離れたところにポンと飛び移ることを電子が動いているということだとすると、飛び移る動き方は、数学の確率論になります。

酔っ払いが千鳥足で飲み屋から飲み屋に渡り歩くのを予測するのは、確率論で出さなくてはいけなのですが、同じような方法を使って、素粒子が素領域から隣の素領域にピョンピョン跳び移ってゆく様を数学的に記述したわけです。

すると、その素領域が無限に小さくなり、大きさがゼロになって素領域と素領域の間もつながる。つまり、のぺっとした空間になる極限において、シュレーディンガー方程式が出てきたのです。

そして、シュレーディンガー方程式が成り立つのは、この空間の微細構造が湯川先生のおっしゃる素領域構造、泡の構造になっているからです。つまり、量子力学が成立しているのです。

それで僕はすぐに、論文を書いて出しました。ところが、まったく反応がないのです。

みつろう　何十年も前のことですか。

保江　そうです。でも、お亡くなりになる前に病院に入院なさっていた湯川先生だけは、ベッドに横たわって論文を読まれて、「ついにここまで来たのか」といってくださったそうです。

みつろう　感動のお話じゃないですか。湯川先生って、物理学では日本で初めてノーベル賞を取られた方ですよね。

保江　物理学だけではありません。日本人として、初めてのノーベル賞受賞者です。

みつろう　本当は、白人しか取ってはいけないはずのノーベル賞をお取りになった。そして、病室で最後、「ついに保江がここまで素領域理論を理解した」とおっしゃった。

保江　でも、世界の物理学の世界では、僕が素領域理論で素領域構造を仮定すると、シュレーディンガー方程式が出てきますよと証明して論文を出しても、それが何の役に立つのということになるのです。

すでに、シュレーディンガーが１９２６年にシュレーディンガー方程式というのを見つけて、革命的に世の中が変わった。今さらそのシュレーディンガー方程式がこうだから出てくるといっても、興味を持たないのです。


みつろう　じつは、沖縄科学技術大学院大学の先生が今、素粒子物理学をすごく研究されていて、同じことをいっています。今の素粒子物理学界で何が起こっているかというと、数学自慢大会になっていると。

誰もこの宇宙がどうしてこうなっているのかということをいわない。というか、この宇宙がとか、そんな話をすると、アカデミーの世界では受け入れられないそうです。

だから、素粒子物理学にしろ量子論にしろ、みんな数学自慢大会になっていて、誰一人、なぜこれがこうなるかということに興味もないようだとおっしゃっていました。

先生、シュレーディンガー方程式は、今の量子論全部を支える根底になっているものですよね。それがなんで成り立つかに、誰も興味がないというのはどういう事態なんでしょうか。

保江　本当に、そこがおかしいでしょう？

みつろう　皆さん頭が良すぎてそうなってしまうんでしょうか。

保江　なぜそうなんだろうという純粋な興味は、無視するようにしているとしか思えません。ノーベル賞級の偉い学者でも、ヨーロッパとかアメリカでは特に社会的ステータスが大事だから、お金などに興味がいくのでしょう。あとは面子（めんつ）とかね。

本当に純粋な子供みたいに、「どうしてなんだろう」という好奇心で動いている人は見たことがないです。

みつろう　そんな子供のような化け物たちが集まっているのが、量子論の世界だと思っていました。

保江　あの当時は本当にそうでした。湯川先生の前のシュレーディンガーとかディラックとかボーア（＊ニールス・ボーア。１８８５年〜１９６２年。デンマークの物理学者）とかの時代ですね。

みつろう　宇宙の根本を突き詰めようといって、一番根本の量子論のところまでいったのに、今は数学自慢大会になっているとは。

保江　そう、まさに数学自慢大会です。もう本当に嫌なので、僕も距離を取っています。

ニールス・ボーア

みつろう　先生のその素領域理論の論文は、40年前に出されたのですね。

保江　45年ぐらい前ですね。

みつろう　スイスに行く前に書かれたんですか。

保江　そうです。

みつろう　先生の人生はすごいですね。湯川先生には「ついに保江が素領域を完成した」といってもらって、スイスでは、ユングのブループリントを見せられて。

保江　とても得をしていると思います。でも、結局スイスに行っても、素領域理論では誰も興味を持ってくれない。

ということで、僕としてはシュレーディンガー方程式を導いて、これで決着がついたと思っていました。

みつろう　先生の中ではですね。

保江　僕の中では、そういうことだったんだ、よし理解したと、いったんそれで終わってまた次のことに興味が移るのです。

この宇宙には泡しかない——神の存在まで証明できる素領域理論

みつろう　1回戻りましょう、先生。基本的なことから教わりたいです。

まず、今の物理学では四つの力があるといわれている。弱い力、強い力、電磁気力、重力、この四つがちゃんと分かれていて、三つまではつなげられているわけですよね。

重力以外はたしか、矛盾なく理論でつなげられているということで、合っていますか。

保江　矛盾がなくはないのですが、無理やりつないでいる状態です。

みつろう　重力だけはどうしても組み込めないという。そこまでを組み込んだものが大統一理論と呼ばれていて、大統一理論を発見したら、ノーベル賞どころか、この宇宙にある全てのフォース、エネルギーの理屈がわかるわけだから、なんでも説明できるといいます。

先ほど先生は、素領域理論があれば、この宇宙の構造が全部わかるとおっしゃいました。

保江　そもそも、湯川先生がこの素領域理論を提唱された理由は、まず空間が連続的に無限に広がっているとすると、いろんなトラブルが起きるからでした。

みつろう　例えば、ブラックホールに行くと、無限大で全ての計算式は破綻するという、そんなことですか。

保江　無限に広がったところにいろいろな量子場が広がっていて、そのエネルギーを全部計算していくと、いたるところに無限大が出てきます。素粒子と素粒子がどんどん近づいていって距離がゼロになり、そこでも無限大が出てくる。そこここで、おかしなことが起こるわけです。

それで湯川先生は、空間が連続的なものではないのではないかと考えられたのです。連続的に無限に広がっているとすると、問題が起きる。でも、もし泡のようなものであれば、限られた泡の中にしか実態はないわけです。

みつろう　小さい小さい泡を想像すればいいですか。

保江　石鹸でできるような、または、ビールの小さい泡ですね。

ビールには、白くて細かい泡が出るでしょう。あのようになっているのがこの宇宙空間です。

その泡の中に、素粒子が存在している。素粒子が宇宙空間を移動するというのは、泡から泡に飛び移っていることです。それが、素粒子が宇宙空間の中を飛んでいるというイメージです。

だから、何もないところを飛ぶのではない。何もない空間だと思っていたものがそうではなくて、泡の集合体なのです。

みつろう　科学雑誌のレベルで場の量子論ぐらいは知っていますが、それとは違うのですか。

保江　場の量子論は空間の各所にいろんな自由度があるので、連続無限に点があり、そこにいろんな物理量があるのです。そうすると、無限大が発散してしまいます。
　そこで湯川先生は、連続無限に広がっているような点はないと主張されたのです。

みつろう　連続無限と点は矛盾していますよね。

保江　それを離そう、離散的にしようと考えられました。
　場の理論の計算で一番楽なのが、格子理論といって、碁盤の目のように線を引いたとき、碁盤の線と碁盤の線が重なったところだけが実際の空間の点だと規定する方法です。

みつろう　場がそもそもエネルギーを持っていて、励起(れいき)した部分だけに物質量子が現れるというのが場の量子論ですよね。電光掲示板でピカピカと光るのは、場が盛り上がった部分だけというようなな。

保江　要するに、連続的に広がっている空間というものがあって、その全ての点に例えば電気、磁気、他のいろんな自由度が与えられているというのが場です。電気的なのは電場、磁気的なのは磁場、他にもいろいろな場があります。

それを、量子論的に記述したのが場の量子論です。

だから例えば、電磁盤の波動方程式というのは、マクスウェルの方程式（＊ジェームズ・クラーク・マクスウェル。１８３１年～１８７９年。イギリス・スコットランドの物理学者）というのを使います。

古典電磁気学ですが、携帯電話の電波の飛び具合などを計算できます。

それを量子論で解釈して様々な現象を説明するのが、場の量子論です。電磁場、電子の場、クォークの場など様々な場があるのです。

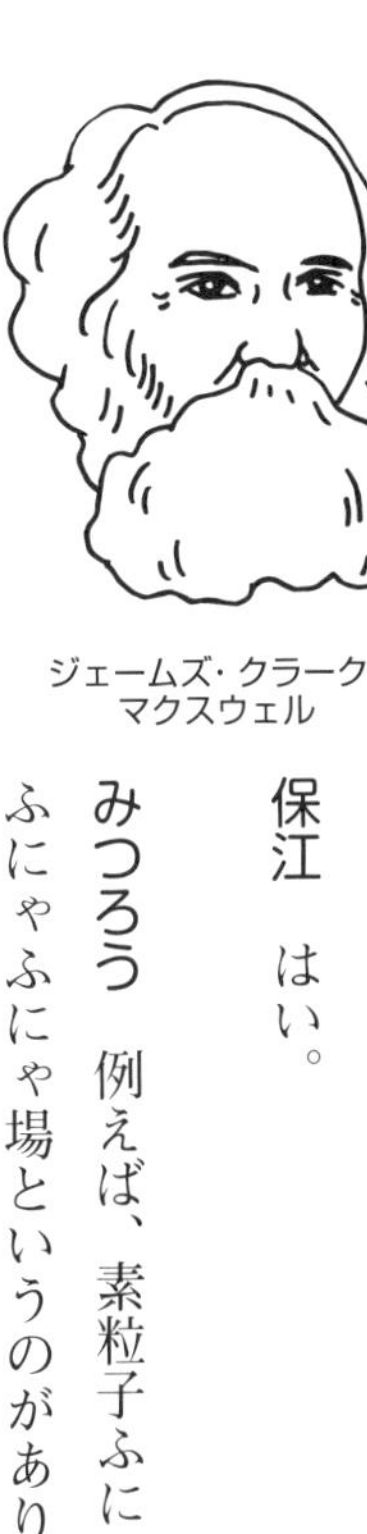
ジェームズ・クラーク・マクスウェル

みつろう　クォーク場というのもあるのですか。

保江　はい。

みつろう　例えば、素粒子ふにゃふにゃというのがあったとしたら、ふにゃふにゃ場というのがあり、それが宇宙空間に広がっていると考える……。
ふにゃふにゃってなんとなく名前をつけましたけれども、例えばグルーオンとか。

保江　グルーオンであれば、グルーオン場というものをまず考えます。場の量子論では、必ず全ての存在を場に帰着させます。だから、新しい素粒子が見つかったというたびに、新しい場を考えるわけです。

みつろう　アクシオンが見つかったらアクシオン場があるのですね。

保江　そうです。

みつろう　そのアクシオン場自体の振動が、アクシオン粒子でしょうか。

保江　直には粒子ではありません。振動にもいろいろなものがあるのです。
その中でエネルギーを計算すると、ある値の整数倍、例えば1倍、2倍、3倍になります。そういうものだけを素粒子といいます。

みつろう　必ず整数倍なのですか。

保江　エバネッセントフォトンなどは整数倍になりません。一つのフォトンではないからです。エバネッセントフォトンと呼んではいますが、1個2個3個と数えられるフォトンではない。数えられるためには、エネルギーがある基本的な量の整数倍である必要があります。

みつろう　プロトンがあり、つまり陽子があり、電子がありますよね。電子がなぜプロトン側に落ちていかないか、または離れないかというと、電子が回ってくるときの最後がもう1回同じようになるからということで、整数倍でないといけないと聞きました。

保江　それは前期量子論といって、1910年頃の話ですから、忘れたほうがいいですね。当時の物理学者がわからなかったからそうとでもするしかなかったという、こじつけた話なのです。

みつろう　電子が持つ1／2のスピン量もでしょうか。

保江　1／2のスピン自体はあるのですが、ではスピンが何かというのはわかっていないのですよ。

みつろう　電子は観測できないですものね。

保江　電子がスピン、すなわち回転しているわけでは決してないのです。電子の軌道というのもわからない、単なる確率なのです。

みつろう　ここに陽子、電子、水素があるとしたとき、どの辺に電子があるかというのは確率分布しかないわけですよね。だからモヤッとしたものです。今は、教科書も訂正されているようですが。

僕たちが習った原子の模型図は、陽子があってまさに惑星が太陽の周囲を回っているようなものでした。今は、陽子の周りにもやっとした雲のようなものがあり、電子の確率存在が分布しているというように習います。

電子というのは不思議で、普通は整数倍だけれども、1／2周したときに初めて回り続けるからスピンの1／2ということになったと。

保江　それは、それこそ数学自慢大会なわけですよ。

みつろう　こじつけたものなのですね。

保江　先述のように、連続的にのぺっとした空間があると無限大が出てきます。

それから、素粒子と素粒子が距離ゼロでくっついたときにも、無限大が出てきます。

でも元々、空間が泡と泡で離れていれば、そこを出ないとそれ以上は近づけません。

そして、4つの力、電磁力、弱い力、強い力、重力、そういうものも全部、泡の幾何学構造の中に入れることができます。それが、湯川先生が素領域理論を考えた理由の一つ目ですね。

それと、スピンも素領域のほうの空間の性質なのです。

みつろう　要するに、対称性があったらダメで、対称性が崩れたものを回したいのですね。

保江　そう、回したいのです。それを説明するときに、コーヒーカップを例にとればもっと簡単にわかります。
今、僕はカップを手にしましたが、これを手のひらの上に乗せたまま、絶対に手のひらから離さずに一回転させられますか？

みつろう　先生を回転させるしかないんじゃないでしょうか。

保江　そうです。僕が全体として回ればできます。

みつろう　それ以外の方法でこれを回すということですか。だったら、観測者を回せばいいのではないでしょうか。

保江　それも一つの手です。カップを軸にしてやってみますね。よく見ていてください。

……どうですか？　カップを一周回しただけでは僕の体は元に戻っていなくて、二周回して初めて戻るのです。

みつろう　電子のスピン量ですね。

保江　つまり、素領域の幾何学構造に制限があるわけです。

掌の上に乗せたコーヒーカップは二重回転で元に戻る

みつろう　スピンというのは、８の字回転、無限大のインフィニティの形で回転しています。電子が８の字回転しない限りは元に戻らないというのが表側の物理で、それは素領域が回っていると考えられていますよね。

保江　そうです。幾何学的性質として、湯川先生はそれを提示しました。でもまずは、無限大をなくしたかったのです。

みつろう　素領域は常に回っているのですか。

保江　素領域というのは変形するのです。最終的には、素領域が変形するエネルギーのことを素粒子と我々は呼んでいるわけです。

だからある一つの素領域が動いているとき、隣の素領域はじっとしているとします。その動いているエネルギーが隣にポンと移って、隣が動き始めて最初に動いていた素領域は動かなくなる。それを我々は、素粒子だといっているのです。

みつろう　誰も素粒子なんて観測していないのですよね。

保江　それまでの素朴なイメージとしては、泡の中に素粒子があって、それがピョンピョン跳び移るというものでした。

みつろう　湯川先生まではそう考えていたと。

保江　湯川先生のイメージはそうではなく、先生は素粒子は「素」なのに、あまりに種類が多すぎる、どんどん新たなものが発見されていくが、それはおかしいと考えました。

みつろう　確かに、素だったら基本的に一つじゃないとおかしいですね。

保江　そこで、それをどこに帰着させたらいいか、そうだ、空間のほうの性質にあるんだと考えたのです。

シャボン玉をあやつれる大道芸人がいますよね。彼らがいろんな大きさや形のシャボン玉を作れるように、今の超弦理論（*物質の基本的な構成要素を理解するためのモデル。物質の基本的単位を、大きさが無限に小さな0次元の点粒子ではなく、1次元の拡がりをもつ弦であるとする弦理論に、超対称性という考えを加えたもの）では、素領域という泡には、ひょろ長いのもあれば丸いのもあるわけです。

みつろう　紐になって片方が次元にくっついていって、くっついていなかったら重力子ということですよね。

あれも次元を上げていくと、２次元、３次元、４次元、５次元の紐もあるといいますね。

電子の確率、Ｋ殻Ｌ殻Ｍ殻（＊１つの原子に含まれている電子の数は，原子番号の値と同じ数であり、原子核の周囲にある電子は電子殻に存在する。それぞれの電子殻に入ることができる電子数の最大値は，原子核に近いほうから，Ｋ殻に２個、Ｌ殻に８個，Ｍ殻に18個となっている）の確率分布図を見たら、完全に幾何学模様です。

仏陀の曼荼羅が、Ｋ殻Ｌ殻Ｍ殻の電子の確率分布と同じなのです。

つまり今頃、世の中が追いついてきているんですよ。

保江　あの確率分布の背後にあるのは、この素領域の分布、泡の分布です。

ですから結果として、電子の存在確率をとおして泡の空間の構造を見ているわけです。

みつろう　確率的に存在しているという理屈も、いらなくなるのですね。

保江　いらないです。この宇宙は泡だらけで、泡しかない。

みつろう　おかしな数式によって矛盾が出るせいで、おかしな理論がいっぱいありました。そんなのも全部なくなるのですね。

保江　なくなります。無矛盾で全てが説明できます。どんな力も、重力、超能力も霊力も、それに神の存在も証明できます。

みつろう　それが素領域理論なのですね。

先生は復帰されたといわれましたね、素領域理論に。

保江　復帰して、かつそれを使って、超能力を解明したり、神様の存在を示そうとしているわけです。というか、もう示しましたけれどね。この泡と泡の間の部分、これが神です。

これについては、もうすでに『神の物理学　甦る素領域理論』（海鳴社）という本を出しました。

今考えると、『神々の物理学』というタイトルにしておけばよかったと思います。単体ではないのですから。

これからは、素領域理論で全てを説明できるのです。それが何になるのといわれたら、言葉の返しようもないですが。

みつろう　この宇宙の根本原理なのですから、ちゃんといい返さないといけませんよ。

保江　泡の構造だけで神様のことも含め全てを説明できるなんて、簡単でしょう。

みつろう　僕たちが簡単というにはあまりにも語弊（ごへい）がありますが、先生が計算して無矛盾で計算破綻も起こさず説明できるというのは、本当にすごいことです。

保江　ここでまた、すごいものとつながってくるのです。メタトロンという、旧ソビエト連邦で開発された波動測定器と。

みつろう　アウシュヴィッツで人体実験をしたデータをＫＧＢが持っていって、ロシアからメタトロンが出たと聞いています。

保江　あの原理、からくりがわかりました。

みつろう　それはやはり共鳴ですか。

保江　空間構造を読み取っているのです。先述の阿頼耶識を読んでいる……、それがメタトロンのメカニズムです。

みつろう　そんなことができるのですか。とても興味深いですね。

パート3　量子という名はここから生まれた！

「ラプラスの悪魔」は存在するのか？

みつろう　物理学に実際は明るくない、一般の人が量子力学とか量子論について、いろんなところでいろんなことをいいますが、なんだかよくわからないままです。独自の解釈をしている人がとても多いという印象もあります。

量子力学でもっとも興味深いのは、二重スリット実験（＊粒子と波動の二重性を典型的に示す実験。二つ穴が開いた板に向かって電子を飛ばしたとき、その奥のスクリーンに何が映るかを問うもの）だと僕は思っているのです。

なぜあんなに大きい、フラーレン60（＊炭素原子60個からなる切頂二十面体〈サッカーボール状〉構造）ぐらいの分子でも、波として観測されるのか。

そして、その前はどうも無限の状態だったという。

シュレーディンガーさんはそのことで量子力学を嫌いになって、物理学界を去るときに、有名な命題を出しました。有名な、「シュレーディンガーの猫」という思考実験ですね。

毒ガスを噴射するセンサー付きの装置があり、電子によって毒ガ

アルベルト・アインシュタイン

スが噴射される状態とされない状態という二つの状態がありました。
そこに入れられている猫は、「生きた状態と死んだ状態が重なり合っているのか」という命題です。
アインシュタイン（＊アルベルト・アインシュタイン。１８７９年～１９５５年。ドイツ生まれの理論物理学者）も、量子力学にはアンチの立場をとったんですよね。

ウィーン大学にあるシュレーディンガーの胸像

保江　要するに、確率解釈に反対したのです。「神様はサイコロを振らない」といって。
これに対して今の物理学者は、場の量子論の世界に俺たちはもう移っているから、量子力学のことなんて議論しなくてもいいといって逃げているのです。

みつろう　なるほど。

保江　そういっておかないと、いろいろいってくる隙を与えてしまうから先に逃げ場を作っているのです。

そうなると、逆にこっちから一刀両断にしておいたほうがいいと思いますね。

みつろう　いいですね。先生がそれをいうと、めちゃくちゃかっこいいですね。大多数のアプローチは一般人からのもので、何の数式も知らない、数学のことは何もわからないことがほとんどです。

けれども、物理学者が計算の下にやっていくと、とても不思議な実験結果が現れるわけです。観測者である僕が見る前は、生きた猫と死んだ猫が重なり合っている……実際に観測するまでは無限の可能性があるということですよね。

保江　それを可能性の悪魔と呼んでいるのですが、可能性が共存しているのですね。死んでいる可能性と生きている可能性が共存しています。

みつろう　でも、観測したらそれは一つに収束しますよね。

保江　どちらかが現実になっているといったほうが正しいです。可能性の中の一つが選ばれている。でも、あくまでそれは可能性です。

ですから、生きている状態と死んでいる状態が共存しているというのとは、ちょっと違います。可能性が共存しているというと、詭弁（きべん）に聞こえるかもしれませんが、そこはきちんといっておかないと、一般の人、特にスピリチュアル系の人たちには誤解されがちです。

生きている状態の可能性と、死んでいる状態の可能性が共存していることを、物理学者は生きている状態と死んでいる状態が重ね合わせになっていると表現しているだけです。

状態の重ね合わせという意味は、可能性の共存のことで、状態の共存ではありません。

そこが、理解のキーだと僕は思っているのです。

みつろう　ということは、よくいわれる無限の可能性の世界があるというのとは違うのですか。

保江　世界があるわけではないのです。

みつろう　可能性の無限大がある。

保江　可能性というのは、架空の、実態のないものです。

あくまで可能性ということがポイントで、可能性というのはいっぱいあっていいわけです。

みつろう　無限にあっていいと。

保江　もう、無限の可能性があっていいのです。ただ、無限の種類の状態が同時に存在しているといわれると、ある意味ＳＦ的というか、実体があるようなイメージをするでしょう。

みつろう　空間に全部があるようなイメージですね。

保江　多次元世界やメタバースみたいなね。それで、猫が生きている、死んでいるというのが、両方あるようなイメージを持たせてしまうわけです。

繰り返しになりますが、そうではなくて、猫が生きている可能性と死んでいる可能性が共存しているだけです。可能性はいくら共存してもかまわないでしょう。

みつろう　可能性ですからね。結局、観測者が観測している今この瞬間以外は、実在はないということでいいのですね。

保江　それについて、物理学者は違う表現をします。観測問題（＊観測〈観察〉過程を量子力学の公理のなかに組み入れるという問題）ではなく、人間原理というのです。

これは、ホワイトヘッド（＊アルフレッド・ノース・ホワイトヘッド。１８６１年〜１９４７年。イギリスの数学者、哲学者）というイギリスの哲学者の思想に近い物理原理です。

この宇宙のあらゆる存在は、人間が認識しているから存在しているのだと。そこからスタートしなくては、物理学なんて議論できないというのです。

それは必ずしも観測問題に関連して出てきたわけではないのですが、よく合わせて議論されます。

でも、元々ホワイトヘッドの考えはより根本的なものであり、物理学の最初の大前提です。

この世界、この宇宙、森羅万象は、全て人間が認識しているから存在していて、認識していなければ存在しているかどうかもわからないといっているのです。

そこから出発して、物理学の枠組みでは何をやるのかというと、物理学者は、人間が認識しているところだけ切り取ってくるわけです。

どんな実験にしろ、どんな現象を見るにしろ、本当は月とか太陽の影響とか他にもいろいろとあるのですが、そんなものは全部無視して、今、着目している、認識しようとしているものだけについて議論します。

だから今、物理学者が月と地球の何らかの現象だけを見たいときは、月と地球は存在していて、その間にはある作用があって、こういう現象が起きると証明する。これが、元々の物理学です。ですから、古典物理学においても、じつは観測問題に近い厳しい問題はあったのです。それは、初期値問題です。

みつろう　初期値の鋭敏性（＊初期値の非常に小さな差が、未来の結果に多大な影響を生み出すこと）ですか。

保江　それが、鋭敏性でもないのです。

ニュートンの古典物理学は全部、微分方程式で書かれています。

ある時間の初期値が決まれば、その方程式を満たす答えとして、未来永劫に至るまで全てのことが決まってしまいます。

ということは、宇宙開闢（かいびゃく）のときから、どの瞬間でもいいですが、その時を切り取ると……。

みつろう　その時の全部の原子の移動方向と位置さえ把握すれば、そこから先の動きは全部決まっている、ということですね。「ラプラスの悪魔」（＊フランスの数学者、ピエール・シモン・ラプラス〈1749年～1827年〉によって提唱された仮想の存在。もし全ての粒子の位置と運動量、また物質やエネルギーに関する情報が完全にわかれば、未来の全てを予測することができるとした）ですね。

ピエール・シモン・ラプラス

保江　そうです。だとしたら現実にはどうなるかというと、人間が何か実験しようと思って設定を動かしてみるということや、あるいは僕がここで水を飲むか飲まないかということまでも、宇宙開闢の瞬間に決まっていたはず、となるのです。

そうすると、僕の自由意志はどこにいったのでしょうか。

自由意志というのは、キリスト教徒にとっては神に与えられた人間の特質なのだそうです。

みつろう　決定論と自由意志というのは、みんながとても興味があるところですね。

保江　自由意志というのはあって当然だと、キリスト教徒は思うわけです。でも、天使には自由意志がなくて、神様のいうとおりにしか動けません。

ですから、この世の中で自由意志を持っているのは、神と人間だけだ、というのがキリスト教の考えです。

悪魔も堕天使だから、自由意志はありません。ということは、じつは天使も悪魔も、神様のいうとおりに全部が動いているのです。

みつろう　すごい。だとすると、決定論の中で自由意志を持っているのは、観測者である人間だけなのですね。

保江　神様以外では人間だけです。

人間が自由意志を持っているから、こういう風に実験してみようとか、今ここで休憩にしようとか思うのですが、人間自体も物質でできていると、少なくとも日本人はそう思っています。

そうすると変でしょう。物質では、ある時間の初期値が決まっていればその後もすべてが決まっている。

自由意志があるといいながら、我々が物質でできている限りは未来永劫に至るまで全部決まっているので、自由意志の発動のしようがありません。

ところが、キリスト教徒はそう思っていないのです。彼らにとって、人間は動物ではなく人間なのです。特殊な存在なのですね。でも日本人は、人間も動物の一種だと思っています。

みつろう　根本的な違いですね。

保江　キリスト教徒は、人間は神様から特別に造られた存在で、自由意志を持っていて、動物とは違うと思っています。

ですから、「human being and animals」という表現をします。キリスト教徒にとって、人間は人間で、動物とか物質とかとは別の存在である。なので、自由意思で一部を切り抜いてこういう実験をしてみようとか、こう観測してみようとかいうことができるのだと考えています。

そして、自分たちが認識しない世界は存在していないし、宇宙も存在していないとまでいい切るわけです。これは、宗教的なバックボーンの違いですね。

みつろう　「ラプラスの悪魔」について、僕なりの解釈を話していいですか。

例えば、ビリヤード台があるとして、僕が白い玉を最初にポンと突きます。するとと、白い玉が1番のボールに当たり、次に1番のボールが4番に当たるとしますね。僕が最初に突いた瞬間に、このビリヤード台上で起こることは全部、決まっているわけです。ビッグバンというのは結局、それを巨大にしたボールであって、この宇宙には100兆個のボールがあるということなのです。もしボンという爆発とともに宇宙が始まったのだとしたら、その瞬間にそのボールがどこに行くかが決まっているというのが決定論です。

でも、僕はここにさとうみつろうとして、好きな言葉でしゃべっているし、僕の意思で足を組んでいると思っています。

ただ、そもそも僕が、例えば尊敬する人の前では、好きな話題を上げるにしても敬語を使いなさいというのも教わったことだし、座ったときには足を組んだほうが楽だというのは経験則的に知っていることです。

つまり、どうもこの人体からアウトプットされるものも、今までインプットされた粒子の動きが関わっていると考えられます。

数学者ラプラスは、ある時点において全てのこの宇宙の素粒子が、どの方向にどのスピードで動いているかがわかれば、ビリヤードと同様に、ここから先に起こることは全部わかりますよといったわけです。その決定論の中で動いているのに、何が自由意志だ、何を悩んでいるんだ、というのが「ラプラスの悪魔」ですよね。

量子力学では、たしかこれを超える何かが発見されていたはずです。

僕はそれが何なのかはわかっていないのですが、今のただ大きい宇宙というのは大きなビリヤードと同じで、ビッグバンの瞬間、全ての電子、量子の方向性と位置が決まって、今後どのように相互作用が起こるかが全部決まっているという決定論に対して、量子力学が違う解釈をつけたような気がしているのですが。

保江　それは、量子力学ではないですね。じつは、量子力学も決定論なのです。

みつろう　そうなのですか。

保江　はい。確率でしか記述できませんが、波動方程式のレベルでは決定論で、答えがずっと続いていくのです。

みつろう　波動方程式とは何でしょう。

保江　シュレーディンガー方程式のことですね。それだけではありませんが。

みつろう　先生が、シュレーディンガー方程式が導き出される理由を解き明かされたのでしたね。

保江　シュレーディンガー方程式が、なぜ素粒子、量子の運動を記述できるかということを証明しました。

みつろう　シュレーディンガーのことは、ある程度のことを知っている人が多いですね。量子力学の一番の根底が、シュレーディンガー方程式ですね。

水素原子の中の電子は、飛び飛びのエネルギー状態しか持てない

保江　シュレーディンガー自身が、その方程式にどうやって気づいたかというと、クリスマス休暇

の旅先で、浮気相手の女の子といたしているときに閃(ひらめ)いたのです。

これは有名な話で、シュレーディンガーの伝記にも書いてあります。いまだにその女性が誰だったかを探求している学者までいます。

みつろう すごいですね、そんな状況で閃くなんて。学者としてはアッパレというか。

保江 そういうものなのです。脳内ホルモンが出ているときに、閃きやすいわけです。

みつろう アウトバーンを190キロで走っているようなものですね。

保江 そこで彼は、この方程式に基づいて自分で計算してみたのです。

例えば、水素原子のエネルギー準位の計算とか、いろいろとやってみたら見事に解けた。

シュレーディンガーは当時30代後半のスイスのチューリヒ大学の教授で、ハイゼンベルク（＊ヴェルナー・ハイゼンベルク。1901年～1976年。ドイツの物理学者。31歳の若さでノーベル物理学賞を

ヴェルナー・ハイゼンベルク

受賞）とかボーアなどの、コペンハーゲンに集まった新進気鋭の若い物理学者に比べると、年齢がいっていました。

しかもスイスの田舎にいたので、目立たずに注目を浴びることもないような立場でした。

それで、大学で細々と古典物理学、特に音の研究をしていたのです。

みつろう　音波ですか。

保江　太鼓や様々な楽器の音の固有振動を、数学で解くのです。

彼はその分野の専門家でしたが、インドのウパニシャッド哲学も勉強し、魂とか人間の本質を研究しており、また、古典的な振動の分析をする数学にも非常に強かったのです。

シュレーディンガー方程式として閃いたその方程式を水素原子に当てはめるのに、その資質が功を奏しました。

当時、実験的に、水素原子のエネルギー準位は見つかっていたのですが。

みつろう　そこも、少し噛み砕いて教えていただけますか。エネルギー準位というのは何でしょうか。

保江　水素原子というのは陽子、即ちプロトン一つと電子一つでできています。一番基本の原子です。水素原子自体が持ち得るエネルギーが光の発光に用いられており、例えば、水素原子をどんどん加熱したら光り始めるわけです。

みつろう　それは知りませんでした。

保江　太陽は核融合のエネルギーで光っていますが、可視光レベルの光は水素原子が発光しているのです。

電子が、プロトンの周囲にいるでしょう。離れていると、位置エネルギーが大きいのですね。

みつろう　K殻L殻とは違うのですか。

保江　結局はそうなるのですが。

みつろう　位置エネルギーがありますからね。

保江　それと同じように、プロトンの周りで電子が離れたところにいるほうが、落ちるときに勢いがつくからエネルギーが高いわけです。

みつろう　また基本的なことを聞きますが、K殻L殻M殻というのがありますよね。

保江　そういう名前がつきましたね。

みつろう　今は違うのですか。

保江　今も同じ名前がついていますが、じつはそれには実態がないのです。
当時の実験結果として、エネルギーが低い準位にそういう名前をつけただけです。

みつろう　プロトンがあって、K殻L殻M殻にしか電子は入れないということで、1個目のときはK殻にしか入れませんが、2個目のときにL殻と決まっているというわけではないのですよね。

保江　そうですね。

みつろう　でしたら、どこまでもいけるわけですか。

保江　どこでもいけます。エネルギーをもらってずっと上のほうにいくものもあります。それが落ちてくるわけです。すると、落ちた分のエネルギーを外に出す必要があります。

みつろう　それは光として出てきますよね。これが励起ですか。

保江　励起の逆です。

みつろう　プロトンの一番近くにいるのが基底状態ですね。

保江　そうです。

みつろう　基底からエネルギーの高い状態に移るのが励起ですね。

保江　そして、落ちてくるのは励起の逆の現象です。

みつろう　太陽光がそうですね。基底状態でしか光は出ないので。
エネルギーが低い状態から高い状態に遷移することが励起で、一方、高い状態から低い状態への遷移は逆励起、または没励起なのですね。

保江　それらはあまり標準的な言葉ではないので、普通は使いません。

みつろう　エネルギー準位についてですが、プロトンの周りの電子が、上のほうの殻にいればいるほどエネルギーが高くなります。
では、この水素原子は、電子が落ちてくるときにどんどん光を出せるわけですね。
落ちるときに光子をいくつか出すと思いますが、何個出すのですか。

保江　そのエネルギー準位と、出す光子の周波数にもよります。
とにかく、見合ったエネルギーを出すわけです。

みつろう　それは発光するのですよね。

保江　主に光として、エネルギーを出します。離れたレーンにいるほうが多くの回数出せます。

みつろう　エネルギー準位の高いものが、位置エネルギーが高いわけですね。

保江　そう、位置エネルギーなのです。古典的には、例えば地球の周りを回る月が持っているのは連続のエネルギーで、殻というのはありません。どこでもいられるからです。

ですから、そのエネルギーはいくらでもいけたはずなのですが、水素原子は実験してみると飛び出てくる光のエネルギーが飛び飛びだったのです。

みつろう　距離を測ったのですか。

保江　いいえ、距離は測れません。出てくる光の振動数でエネルギーを測るのです。だいたい、今はすでにK殻L殻などというのはないことになっているのですから。

みつろう　そうなのですね。

保江　その当時、便宜上そういう名前をつけただけです。地球の周りを回っているようなイメージでやっていましたから。

みつろう　僕が知る物理の教科書では、プロトンがあって周りに雲があります。そして、雲のどこかに電子があるという可能性の雲が描かれています。

保江　水素原子の実験をすると、プロトンとエレクトロン、陽子と電子、これらの組み合わせだと、飛び飛びにしかエネルギーが出ません。

みつろう　連続的ではないと。

保江　そこから出てくる光を測定して、どういう値がこの水素原子の中に現実的にあるかを推測するわけです。

なぜなら、見えないものですから。見えるのは出てくる光だけなので、光の周波数しか測定できないのです。

みつろう 励起されて出てくる光しか見られない。

保江 そうです。それで、その光の周波数だけを測定するわけです。
幸い、すでに光のエネルギーは周波数×プランク定数ということがプランク（＊マックス・プランク。１８５８年～１９４７年。ドイツの物理学者。ノーベル物理学賞を受賞）によって提唱されていたから、測定値からその式を使って計算します。
そうしたら水素原子の中の電子は、飛び飛びのエネルギー状態しか持てないとわかったのです。
それを、エネルギー準位といいます。

マックス・プランク

みつろう それがエネルギー準位なのですね。
これを最初に観測した人は、びっくりしたでしょうね。普通は連続的にあるはずなのに、なぜ飛び飛びなんだろうと思いますよね。

保江　そうでしょうね。そのエネルギー準位を数式で最初に再現したのが、スイスの女学校の数学の先生をやっていたバルマー（＊ヨハン・ヤコブ・バルマー。１８２５年〜１８９８年。スイスの数学者）です。

バルマーさんは元々物理学者ではなく、数学の先生でした。

彼は面白い人で、新聞か何かに載っていた、「水素原子のエネルギー準位は連続ではなく、飛び飛びの値しか出ない」という記事の数値を見て閃いたのです。

みつろう　何がわかったのですか。

保江　数学の先生として、そこに、あるパターンを読み取ってしまったのです。かっこいいですね。

みつろう　そんな記事を見ただけで。

ヨハン・ヤコブ・バルマー

保江　これはこういう方程式だったら当たるんじゃないかと閃いて、ちゃんと数式にして提案し、見事に再現しました。

それをバルマー系列と呼んでいますが、今でもそういう人たちはいるのです。

例えば物理学では、クォーク（＊現在の実験的事実からは内部構造を持たないとされており、レプトン、ゲージ粒子、ヒッグス粒子とともに標準模型を構成する素粒子のグループの一つ）を数学の魔法陣などで再現するような人たちです。

みつろう　フィボナッチ数列（＊レオナルド・フィボナッチ。１１７０年頃〜１２５０年頃。中世で最も才能があったと評価されるイタリアの数学者）のようなものですか。

保江　はい。フィボナッチ数列を魔法陣に並べ、再現するというマニアが、現在も大勢いるわけです。それと同じです。

みつろう　今でもそれを、懸命に研究している人がいるのですか。

保江　今の物理学の最先端のいろんな発見とか、データの並びを、フィボナッチ数列などに当てはめて楽しんでいる、素人のマニアがいまだにけっこういるのです。そういう人が、「自分はこういう発見をしました」と、ときどき手紙をくれるのですが、それらは新しい発見とはいえません。

みつろう　先生から見ると違うのですか。

保江　当たっているかもしれませんが、本質を突いているわけではない。
　バルマーさんと同じで、たまたま実験結果を再現している数式を見つけただけです。

みつろう　それもすごいように思えますけれどね。

保江　でもそれは、あくまで実験結果の数値のパターンを再現しているだけで、その背後にある水素原子の中で起きている物理現象を説明できるような数式ではありません。
　その程度のことなのですが、当時のバルマーさんに敬意を表して、バルマー系列という名前が使われています。

みつろう　エネルギー準位の計算の仕方は、バルマー系列でわかるのですね。

保江　ところが、それでは物理学者は納得しないわけです。単に、当てはめたらこうなったというだけですから。

みつろう　でも、再現性は100%なのですよね。それでも納得しないのですか。

保江　なぜこんな式なのかの理由がないからです。本質的なことが何も説明されていないのです。

そして、ついにボーアが出現しました。

ボーアは、「なぜバルマー系列とは飛び飛びの値なんだろう。バルマーさんが単に閃いたというだけではなく、これを本質的に説明する方法はないのか」と考えました。

そして、一番素朴な、それこそ教科書に載っていたような水素原子の原子核、プロトンが太陽、電子が地球であるかのように、円軌道を描いているということに着目しました。

円軌道を描いているだけだったら、自由に連続的なものになります。

そこに、ド・ブロイ（＊ルイ・ド・ブロイ。1892年〜1987年。フランスの物理学者）という貴公子が現れました。彼は物理学者ではなく貴族で、社会学や文学を研究していました。

みつろう　ド・ブロイの理論は有名ですね。

保江　そのド・ブロイには、軍人であり物理学者でもあった17歳年上の兄がいて、その人の影響を受けて、物理学にすごく興味を持つようになったのです。

もちろん、貴族だからお金はあります。兄は、毎晩お屋敷に友達を集めて、ワインを飲みながら、当時の世の中で一番ホットな話題について論じていました。

その中で、「どうも古典力学はうまく原子の世界には当てはまらない。アインシュタインが光量子理論で、『光は波だと思われていたが本当は粒子である』といい出している」という話をしていました。

それを、たまたま弟が聞いていました。兄は理科系だったので、「アインシュタインはすごいね」と感心して、そこで話は止まっていたのですが、弟はソルボンヌ大学の文学部出身で、発想が枠にとらわれることなく、もっと自由でした。

そこで、「アインシュタインという人が、それまで波だと思われていた光が粒々の粒子だというのであれば、それまで粒々だと思われていた電子が波だっていいじゃないか」といい出しました。

それが後に、ド・ブロイの物質波と呼ばれることになったのです。兄が、「素人が何をいうんだ。そこまでいうなら論文でも書いてみろ」というと、弟は本当に論文にしました。ド・ブロイの論文の数式は簡単で、加減乗除程度のものです。

運動量がこれだけの電子には、こういう波長の波が伴われているはずだと書いて、アカデミーに提出したわけです。そうしたら審査にとおってしまい、挙げ句の果てにそれでノーベル賞ですよ。

みつろう　ド・ブロイの物質波は、ノーベル賞を取ったのですか。

保江　はい。そういうわけで、電子や物質粒子の最初の量子論は、ド・ブロイ発です。

みつろう　量子論の一番最初から、今僕は学べているわけですね。

保江　そうですよ。

みつろう　まとめますと、ある実験で、エネルギー準位が飛び飛びだった。その記事を見ていたバルマーさんがそれを計算する方法だけはわかった。

その後、アインシュタインが、波だと思われていた光は光量子で粒子であるといい、それをフランスの貴族であるド・ブロイ兄弟がワインを飲みながら話していて、けしかけられた弟が発奮して微分積分も使わずに加減乗除のみで論文を書いた。

保江　そうです。それがノーベル賞を取りました。

そして、そのド・ブロイの論文を知ったボーアが、そうすると原子核、プロトンの周りを電子が回る円軌道に波があるので、素朴に考えると、この円軌道の大きさが自由だとすると波が一致しないと考えました。

みつろう　はい、わかります。ここは大事なところで、最初と最後がピタッと合わない限り、この波は減衰し続けていくわけですね。

保江　そうです。それでボーアは、電子がド・ブロイの物質波だとしたら、電子が円軌道を描くのではなく、しかもそれがひとつながりになっているためには、どうなっていなければならないかを考えたのです。

みつろう　電子さえも波だとしたら、永遠に回るということに気づいたわけですね。

保江　ウロボロスの蛇みたいに頭としっぽがうまくつながるためには、その波の波長と円軌道の長さに、ある関係がなくてはいけないとわかるでしょう。

みつろう　整数倍の関係ですね。

保江　そう、それが出たわけです。

みつろう　これで初めて、K殻が固定されるというのがわかりました。

保江　そこで、ある高さの軌道で回っている電子の持っているエネルギーを計算します。そして、次の安定した波の、閉じている軌道の電子のエネルギーを計算します。

すると、見事にバルマー系列に当たったのです。

みつろう　説明することができた。

保江　そうです。中身まで説明できています。

みつろう　どうしてそれが起こるかという理由が、説明できたのですね。バルマーさんは計算式しか出せなかったけれども、ボーアがそこまで完成させた。

保江　ド・ブロイのアイデアを利用したボーアが、円軌道だけのシンプルなイメージで見事に中身を説明したのです。

みつろう　このときボーアは、電子がプロトンの周りを回っている様子を、どのように描いたのですか。

保江　まず、円軌道を描きます。

みつろう　最初は丸を書いたのですね。そして、これが波だったらと仮定したのですか。

保江　はい。円軌道の上に波をずっと描いていくと、1周回ってきたところでうまく合わなくなる……、最初と最後が合う位置があって、それで円軌道の上に無理なく描ける波が決まるわけです。

みつろう　ちなみに、合わない位置に電子が入れないのは、そこにいたら落ちてしまうからでしょうか。

保江　落ちるということではなく、軌道が存在しないので、いられないのです。

みつろう　なるほど。ではこれは軌道の話なのですね。

保江　そうです。

みつろう　プロトンに対して安定的に常に周回できているという、計算式上の軌道はどうなっていますか。

保江　可算無限個で、飛び飛びしかありません。

みつろう　整数倍じゃないと終端が合わないから、整数倍で広がっていくということですね。これが初めてのK殻L殻M殻の理論で、飛び飛びということがわかったのですね。人間は長い間、この不連続性がわからなかった。

これについては保江先生も、間違いないとお考えですか。

保江　これは素朴なイメージだから、僕の考えとはまた違います。でもその当時、ボーアはそう考えて、一応は見事に説明できたのです。

量子力学が生まれたのは、軍需からだった

みつろう　僕たち一般人からしたら、今、物理学者の皆さんがやっていることは、水素の実験結果があって、それをどうにかして説明してやろうというド・ブロイ他の人たちの延長線上にあるのですね。

水素から光が出てくるというのが最初にあって、その実験結果がなぜ飛び飛びなのかと説明する

ために、不連続性であることの理由を計算していった結果から、量子力学は生まれたと。

保江　このボーアの時点では、量子力学はまだ生まれていないのですよ。彼は、量子論の父ではあるけれども、量子力学の父ではないのです。これはまだ量子力学ではなく、古典力学の円軌道です。

みつろう　古典力学の範囲なのですね。

保江　ニュートンの円軌道の計算とド・ブロイの物質波、整数倍という概念があっただけです。それらをうまい具合に使ったのが、ボーアです。

みつろう　電子の光が励起して現れたという実験を、最初にした人は誰ですか。

保江　当時、ヨーロッパで軍備拡張競争があって、実験は大勢の人がやっていました。

みつろう　何年くらいの話ですか？

保江　１９００年頃からです。これから語ろうとしているのは、１９００年から１９３０年の間の話です。

みつろう　水素原子の話もそうでしたよね。当時、水素原子を温めたのですね。

保江　そうです。水素原子に限らず、原子を温める実験をしたのです。

当時は第一次世界大戦が終わった頃で軍拡競争があり、兵器や軍艦を作るために、溶鉱炉で鉄をたくさん生産していました。

ところが、良質な鋼鉄を作ろうと思うと、適度な温度に熱する必要があります。

みつろう　無駄なエネルギーを使いたくないから、鉄の融点以上は温めないという話ですか。

保江　そうではありません。鉄を完全に溶かして型に入れるときに、あまり熱すぎたら爆発して溢れてしまいます。

例えば、大砲を作るために、鋳型に入れてから徐々に冷えて固まる最適な温度を、職人は経験的に知っています。

みつろう 測ってはいないのですか？

保江 その頃、そんな高温を測れる温度計はありませんでした。ですから当時の職人たちは、溶鉱炉から出てくる光やその色味を見て決めていました。青っぽい色味のほうが温度が高く、赤は温度が低いということがわかっていましたが、なぜそうなのかはわからなかったのです。

それを、黒体放射、または黒体輻射（ふくしゃ）の問題といいます。要するに、物体を温めたとき、何度までいくとどういう光が出てくるかということです。

熱ければ熱いほど光の波長が短くなって、青っぽくなるのです。

みつろう 波長が短いと温度が高く青っぽくなり、波長が長いと赤くなって温度が低い、これを黒体放射というのですね。

保江 それを職人さんたちは経験で知っていたのですが、当時の物理学者の知識の、古典力学とか古典電磁気学では説明できなかったわけです。

ところが、ドイツの偉大な物理学者で、ベルリン大学の物理学科のボスだったマックス・プランクにより、初めてその説明がされたのです。

みつろう　波長の関係で説明できたということですか。

保江　プランクは、溶鉱炉の中の電磁場と、溶鉱炉の中で溶けている鉄の原子との間の光、つまりエネルギーのやり取りが、もしある決まった値の整数倍でしかできなかったとしたら、職人がいっているとおりになるという説を出したのです。

みつろう　これも整数倍なのですね。

保江　ですから、彼が本当の意味で、最初にエネルギー量子の概念を世の中に出した人です。

みつろう　量子力学を生んだのは、軍需だったということですね。第一次世界大戦が終わって、これからさらに軍備を増強するにあたって、鉄をどの温度で加工するかという問題から発展したと。

保江　そうです。溶鉱炉でより良い鉄を作るために、職人たちが切磋琢磨して、イギリスやドイツでそれぞれ競争していました。

みつろう　そして、職人の経験則を初めて計算で説明した人が、プランクさんなのですね。

溶鉱炉で鉄の原子がドロドロに溶けているところの、どこが整数倍なのでしょうか。

保江　電磁場ですね。電磁場というのは、宇宙空間に広がっていてもちろん溶鉱炉の中にもあります。当時、電磁場の波が光だと思われていましたから。

みつろう　電磁場の波が光だというのは、色味のことですか。

保江　色味というのは光の周波数、波長のことです。電磁場という場がこの空間に広がっていて、それの波が光です。それが、溶鉱炉の中にもあるわけです。

溶鉱炉の中には、ドロドロに溶けた鉄、つまり鉄の原子があるのですが、それだけではなく、電磁場もあります。

その溶鉱炉の中の電磁場の波である光と、中で溶けた鉄の原子の間のエネルギーのやり取りを考えると、先ほど水素原子について話したように、水素原子の中で電子が落ちたときに光を出し、逆に光が来るとエネルギーをもらって上に上がります。それが溶鉱炉の中でも起きているわけです。

みつろう　水素原子はエネルギーが高いものから光を出しながら電子が落ちていき、光が入れば、それをもらいながら電子が上がっていく。

そうすると、光というのは要するに熱ということでいいのですか？

保江　いいえ、光は光です。光からエネルギーをもらって次の状態にいき、またもらっていく。

鉄はプロトンだけではなく、中性子もたくさんあって、その周囲に電子もたくさんあります。

電子に光子、つまり光がきてエネルギーをもらえば、鉄のエネルギーが上がるわけです。

つまり、電子が上に上がれば上がるほど、鉄の原子のエネルギーが大きいということです。

みつろう　ちなみにその状態というのは、温度が上がっていると理解してもいいのでしょうか。

保江　それでもかまいません。

みつろう　このFe（鉄）の集団はエネルギーをもらって、一つひとつの原子は外殻のほうに近づいていく。熱を上げればそうなっていくということですか。

保江　そうではありません。熱を上げていくと、単に全体として鉄の原子が動くだけで、光が来て初めてエネルギーは上がるのです。

みつろう　原子を熱すると、そういうことが起こるわけですね。

保江　外から熱するというのは、原子をガタガタと揺らしているようなものです。熱は運動エネルギーですから。

それに対して、原子1個の中の変化は、電磁場の波、光を介してしかできません。

みつろう　単純な疑問ですけれども、僕が溶鉱炉の中に鉄を入れて熱するとき、これは何をしているということになりますか。

保江　原子を揺さぶっているのです。

みつろう　揺さぶっているだけなのですね。

それで、先生がおっしゃっているエネルギー準位を高めるには、どうすればいいのでしょう。揺さぶっていると、鉄の原子同士がぶつけられますね。

熱というのは、原子同士がぶつかって出てくる。この世界で一番低い絶対零度マイナス273℃というのは、原子がまったく動いていない状態です。

それから、原子がどのぐらい動いているのか、というのを計ることができるのが温度ですね。

そして、炭素を燃やして何かを温めると、原子はどんどんぶつかっている状態になっていくのですね。

保江　そうです。ボコボコぶつかっています。ぶつかり方は様々ですが、そのときに出る衝突のエネルギーが、内部エネルギーに転換するわけです。

つまり、車と車がすごい勢いで衝突した場合、中にある物ものすごく揺れるでしょう。

それと同じように、原子核の周りで電子をたくさん持っている原子同士がぶつかると、その原子の中も揺さぶられるわけです。

みつろう　それで励起状態になるわけですね。
Feを炭で熱することで原子同士がぶつかって、エネルギー準位が高まると。
保江　そういうことです。内部エネルギーにもそれが移動します。
みつろう　それによって、Feの色が変わりますよね。
保江　電子がどんどん上に上がって、それが落ちるとエネルギーを放射して、そのときに光を出すわけです。
みつろう　僕たちが見ている赤い色というのはそれですか。
保江　それです。
みつろう　では、温度が落ち続けているものを、僕たちは見ているわけですね。

保江　そんなには落ちないです。わずかに落ちるだけです。
　とにかくどんどん出てくるのですが、別に温度が下がるわけではありません。

みつろう　鉄は最初は黒ですね。鉄鉱石の色。そして、燃やせば燃やすほど赤くなっていきます。暗闇の中で見ても光っていますよね。
　太陽光の反射ではなくて、それ自身が光っています。これは、エネルギーの励起でしょうか。

保江　励起の逆で、落ちてきているものです。

みつろう　落ちているものを、我々は光として、また色として見ている。

保江　そうです。

みつろう　なるほど、わかりました。その色味と電磁波との間に、整数倍の関係があるということなのでしょうか。

保江　そういうわけではなく、燃やされて揺さぶられて、Fe同士がぶつかったときに温度が高まる……、つまりガンガン燃やされていると、内部の電子も落ちる作用が非常に大きくなっているわけです。それが落ちてきたら、出てくる光もエネルギーが大きいということです。

エネルギーが大きい＝周波数が高い、波長が短い、だから青っぽくなる、ということです。

ただしそれだけでは、まだ完全な説明はできません。

その電磁場と、鉄の原子の中の電子が落ちることの相互作用なのです。落ちたときに光を出すというのは、電磁場と鉄の原子の中の、電子のエネルギーのやり取りです。これが連続的ではダメで、飛び飛びだったら説明できるということをプランクがいったのです。

みつろう　それが、黒体放射なのですね。

保江　黒体放射を初めて理解できたというわけです。

みつろう　道理として説明できるというのが、整数倍なのですか。

保江　そうです。ちょうど整数倍同士で一致して、エネルギーのやり取りが頻繁にできるのです。

量子という名はここから生まれた！
──アインシュタインとマックス・プランクの、光についての考察

みつろう　この世界の物理学は、全部、整数倍からきていますね。

あるとき、プラトンの師匠の師匠であるピタゴラスが歩いていると、たまたま鉄をカンカン打っている人たちがいて、ある二人の職人が鉄を打っているときだけ、すごい共鳴音がすると気づきました。その二人が打っている二つの鉄の重さを測ったら、これが整数倍だったのです。

それで、整数倍は共鳴するとわかり、ピタゴラスは音階を作っていったのです。

プランクも同じですね。

保江　まずプランクが仮説として、もし溶鉱炉の中の電磁場と鉄の原子の中の電子とのエネルギーのやり取りが、ある値の整数倍でしかできないとしたら、見事に説明できるといいました。

そのときは、彼はまだK殻L殻とか、そんなことも知りません。バルマー系列もない頃の話です

から。
ですから、水素原子のエネルギー準位がどうなっていて、それが飛び飛びだとか、そんなことも知らなかったのです。

みつろう　ずいぶんと前の話なのですね。

保江　最初に気づいた人の話ですからね。

みつろう　中性子はわかっていましたか。

保江　そんなこともまったくわからないときの話です。
ソクラテスなどがいたギリシャ時代からいわれていたけれど、原子って本当はなんなのだろうと、その程度の認識しかない時代です。
そんな時代に、ただいい鉄を作るために、職人さんたちが溶鉱炉の温度を管理するのに、青い光になったらこうすればいいなどというノウハウはありましたが、物理学者は誰もその仕組みを説明できませんでした。

ちなみに、マクスウェルの古典電磁気学で、光が電磁場の波だということはすでにわかっていました。でも、溶鉱炉の中の鉄という物質と光と電磁場との間でのエネルギーのやり取りで、いったいどのように温度が上がったら青くなるかなどを説明するための、飛び飛びの準位や原子の構造はまったくわかっていませんでした。

みつろう　整数倍ということは、1倍、2倍、3倍、4倍……ということですか。

保江　つまり、小数点以下がない、飛び飛びでしかないのです。

プランクはまだそこまではわかっていなかったので、鉄原子と電磁場の間のエネルギーのやりとりが飛び飛びならばいいと説明してしまったわけです。彼は、現代物理学の父と呼ばれています。

みつろう　ある値の整数倍とは、特定のパラメーターですか。

保江　それは場合によります。

みつろう　素材によるのですか。さらに気圧などの条件とか。

保江　もちろんそれらも実際は関わってきますが、とにかく飛び飛びなのです。

それで、その時代の次に、その飛び飛びというのがひょっとして物質のほうのエネルギー、例えば一番単純な水素原子がそもそも、飛び飛びなのではないだろうかという考えが出てきました。

そこで、水素ガスを封入して熱すると、それが蛍光灯のように光るわけです。

みつろう　それは、元素記号なんて知らない時代の人たちの話ですか。

保江　それはもう、化学でわかっていました。

みつろう　鉄のほうが重いということは、わかっていた。

保江　もちろんです。ただそれが、ミクロのレベルでいったいどんな構造をしているのかはわかっていませんでした。

みつろう　中性子の数とか陽子の数とか。

保江　中性子なんて発見したのは、かなり後ですよ。元素は、化学反応で見つけたのです。

みつろう　その頃は、元素を順番に並べてはいないのですか。

保江　いろんな反応の結果から、並べてもいました。あの並びは重さと反応の順で、構造は無関係です。

みつろう　今、僕たちは、水素は陽子1個、ヘリウムが2個、などと習ったから知っていますね。

保江　それは後付けです。化学者は、重さと化学反応の種類であの一覧を作ったわけです。

みつろう　プランクは鉄が水素より重いということは知っていたけれど、その周りに電子が回っているなんて夢にも思っていなかったわけですね。

保江　当時はまだ、のっぺりとしたところに電子が入っているとか、様々な考え方のモデルがあったのです。

その後、世界の歴史の中で初めて、量子、クアンタム（quantum）という名前が出てきました。それはプランクの考えの、エネルギーのやり取りはある決まった量の整数倍であるという、量からきている名称なのです。

みつろう　まさに、現代物理学の父ですね。

保江　それで、例えばアインシュタインは、プランクの溶鉱炉の中の鉄と電磁場の間のエネルギーのやり取りがエネルギー量子の定数倍だという考えに対して、光自身が、あるエネルギーを持った粒々だと考えると、もっと簡単に説明できるといったわけです。

みつろう　波から始まってここで粒子に行ったのですね。

保江　プランクは、あくまで波だといっていました。それに対してアインシュタインは、そんなまどろっこしいいい方はやめて、光が粒子で、プランクのいう一定値のエネルギーを持っているとしたら、光が2個くれば2倍、3個くれば3倍だろうと考えたのです。

みつろう　フォトン（光子）を1個ずつ数えたわけですね。

保江　そう数えるほうがよほど簡単だといったわけです。

当時、アインシュタインはスイスのベルンの特許庁の役人でした。その頃の学問の中心はドイツのベルリンで、プランクも世界一のアカデミー、ベルリン大学の教授でした。

それに比べて、スイスの一応首都とはいえ、ベルンは田舎といってもいい上に、あくまで特許の申請をチェックする単なる役人でしょう。

そんな人がプランク大先生の説に異議を唱えても、相手にされませんでした。当時は、プランクのほうが圧倒的に偉かったのですから。

そんなアインシュタインが、仕事が終わった後、友達とカフェでワインを飲みながら、アカデミーオリンピアという名前を個人的につけて、当時の物理学の状況をずっと議論していたのです。

その中で、

「プランクのように、エネルギーの電磁場と原子の集団の間のエネルギーのやり取りが、ある値の整数倍と考えるのはまどろっこしい。

それよりも、エネルギー量子を使って、電磁場の波であると思っていた光がじつは光量子という存在であり、粒々であると考えれば、やり取りのときだけエネルギーが整数倍だと考える必要はないじゃないか。

光量子が1個来た、2個来た、3個来た。そして鉄の原子の中の電子がどんどん上に上がっていく。これでいいじゃないか」といったわけです。

アインシュタインのノーベル賞受賞の秘話

保江　さらに、その頃、別の実験が行われていました。有名な光電効果についてですが、これは、当時の物理学者が実験で見つけたのです。

まず、真空容器の中に金属を置いて帯電させておく。余分に電気を持たせれば、電子が多くなるわけです。

みつろう　静電気か何かですか。

保江　真空中で電流を送ってから、置いておくのです。

そして、外から金属板に光を当てると、帯電していた余分な電子が弾かれて真空中に離れていくから、電荷量が減るわけです。

みつろう　電荷が減るとはどういうことですか。

保江　電子の量が減ることです。この実験のときに、当時の物理学は古典物理学だったので、当てる光のエネルギーは、光を強くして明るくすればするほど大きくなるから、周波数は関係ない。光量を増やして、明るく眩しい光を当てれば当てるほど、たくさん電子が弾かれるだろうと思っていました。

ところが、そうはならなかったのです。

みつろう　眩しさには関係なかったと。

保江　しかも、ある周波数では、電子が全然出てこないということがわかりました。

例えば、赤色の光では出てくることがなく、その赤色の光をどんどん強くしてもまったく出てこないのです。一方、青色の光を当てると弱い光でもポンと出てきて、さらに強くすればもっと出ます。緑色の光ではどうかというと、また出ない。

こんな風に調べていくと、金属中に余分に存在する電子を弾き飛ばす力は、ある一定の周波数よりも周波数が高いもの、つまり青色やそれに近い周波数の光でないとダメだとわかりました。波長の長い赤や、それに近いものでは、何も起きないという事実を突き止めたのです。

これを、光電効果といいます。光が電子を叩いて電荷を減らす効果のことです。

こんな予想外の結果が出るような実験をしてみた人がすごかったのです。

予想では、どんな周波数の光を当てようと、光を強くすれば余計に弾くと考えられていたのに、じつは眩しさではなくて色が重要でした。

でも、当時のマクスウェルの古典電磁気学では説明できなかったのです。なぜなら、マクスウェルの古典電磁気学では色は関係なく、エネルギーは眩しさだけが重要だと考えられていましたから。

みつろう　眩しさではなくて色、要するに周波数ということですね。

保江　当時、誰も説明できなかったわけですが、そのなかでアインシュタインはそれを応用したのです。

彼は、プランクのエネルギー量子の仮説をもう少しシンプルにいい直しました。

「光は粒々の光量子というもので、その光量子が持っているエネルギーは、それの持っている振動数にプランク乗数をかけたものです」と。

ただ、プランクがやった溶鉱炉の黒体放射の説明にそれを使ったところで、単なるいい直しだからあまりインパクトがなかった。そして、ちょうどそのタイミングで光電効果の不思議な実験結果があって、誰もそれを説明できなかったのに、アインシュタインのミレーバという奥さんが気づいたことがあったのです。

みつろう　アインシュタイン本人ではないのですか。驚きました。

保江　これはけっこう知られた話で、じつは奥さんも、アインシュタインと同じくチューリヒ工科大学の物理学科を卒業していました。

ですから基礎的なことがわかっている上に、本当はアインシュタインよりも頭が良かったのです。

みつろう　アインシュタインより頭のいい人がいたのですか。

保江　アインシュタインって、じつはそんなに頭は良くなかったのですよ。ホーキングと一緒で、あれは周りが作った虚像です。

みつろう　じつは全部、奥さんが考えたことだったとか……。

保江　そうですよ。彼女は光電効果を、「光は量子だから粒が当たったら跳ね返す。そして、その光量子が持っているエネルギーは、波長が短ければ短いほど高い。だから、青色をぶつければ出てくるし、赤色をぶつけても出てこない」ときちんと説明できたわけです。そして、

「プランクがすでに発表した溶鉱炉の話で論文を書いても、そんなにセンセーショナルではないけれど、ちょうど見つかったばかりの光電効果にこの話を応用すると、ほら、簡単に説明できるでしょう。だから、その論文を書きなさい」とアインシュタインにいったのです。

みつろう　内助の功ですね。

保江　そのときに、アインシュタインは彼女とある約束をしました。それは、もしこの論文でノーベル賞を取れたら、賞金をすべて奥さんにあげるというものでした。なぜなら、元々は奥さんの考

えでしたから。

みつろう　アインシュタインは関係なかった。

保江　とはいえ、名前だけは必要でした。当時のスイスにおいて、女性全体もそうですし、奥さんのような主婦の地位はまだまだ低かったですから。

みつろう　やはり、誰の名前で出すかで違うのですね。

保江　そうです。だから、名義はアインシュタインの論文になったのです。そして、アインシュタインの光量子仮説という論文は、見事にノーベル賞を取りました。

みつろう　だったら、賞金の1億円を奥さんにあげないといけない。

保江　実際にあげたのです。新聞記者からは、なぜ奥さんにあげたのか聞かれたのですが、本当のことはいえないでしょう。

みつろう　プライドもありますしね。

保江　そこで、離婚の慰謝料だと答えました。じつは、アインシュタインも女好きで、浮気もしていたのです。

みつろう　今、思ったのですが、すごい発見をした物理学者は、みんな女好きでワインを飲んでいますね。

保江　それが共通点です。だから、僕も頑張っているのです（笑）。

光は波ではなく粒々の量子だというアイデアを出したアインシュタインが、ノーベル賞をもらいました。

先述したように、その論文が出たときド・ブロイの兄は、

「アインシュタインという奴がこんなすごいものを出しているぞ」といいながら、みんなとワインを飲んでいました。それをド・ブロイが聞いていて、

「だったら電子だって同じで、電子も波、物質波だ」といって、論文を出した。

それを見たボーアが、水素原子に当てはめてみると、ちょうどその波がうまい具合につながる。位置は飛び飛びになるし、その飛び飛びの位置を計算してみると、バルマーが数式だけで表していた、水素原子のエネルギー準位が出てきたわけです。

でも、これはまだ量子力学ではなく、光量子仮説とかエネルギー量子とか、物質波とかの仮説です。ボーアの円軌道のモデル、原子モデルを工夫して使っていたレベルですね。

みつろう ボーアが初めて、太陽の周りの地球みたいだといったのですよね。

保江 彼は、円軌道だけしか計算していませんでした。

そのうちに、ボーアに感化されたドイツ人物理学者のゾンマーフェルト（＊アルノルト・ゾンマーフェルト。1868年～1951年。ドイツの物理学者）という人が、太陽の周りを回っている彗星のように、ひょろ長い軌道もあるのではないかと考えました。

ボーアが説明できたのは円軌道の水素原子だけでしたけれども、ゾンマーフェルトが長円軌道まで考慮すると、じつはK殻L殻など、もっと複雑な軌道まで出てきています。

それからスピンに近い、角運動量（＊物体の回転運動において、その勢いを表す量）という概念を提唱しました。原子が持っているスピンの元になる方向性があるのですが、ゾンマーフェルトはボーアのモデルをそこまで複雑にして、そのいびつな電子軌道によって、角運動量というものを説明できたわけです。

みつろう　電子軌道は今、いびつなのですか。

保江　今は、電子に軌道なんてありません。でも当時、ボーアは真円の軌道しか考えていなかったけれども、水素原子の説明はそれでも何とかなったわけです。

ところが、鉄の原子とか酸素原子とか、もっと複雑な電子がたくさんあるようなものは、それだけでは説明ができない。だから、ゾンマーフェルトがもう少しそれを拡張して計算したことで説明をしました。かなり無理はあったのですが、ゴリ押しで説明したのです。

そこまでを前期量子論といいますが、まだ量子力学ではありません。

みつろう　楕円軌道まで見つけた人までで、前期量子論ですね。

シュレーディンガー登場！

保江　ちょうどその頃に、シュレーディンガーが登場します。

先述のように、シュレーディンガーはその時期、スイスの田舎のチューリヒ大学にいて、古典物理学、音やその振動に関わる固有振動数の専門家でした。

すでにプランクやアインシュタイン、ド・ブロイ、ゾンマーフェルトが、ベルリンとかパリとかコペンハーゲンで量子論という最新の物理学をどんどん発展させているときに、彼はスイスの田舎で、30代半ばを過ぎていました。

みつろう　彼には、劣等感があったことでしょうね。

保江　そうです。それで、もう自分の人生はダメだと思って女性に走ったのかどうかは知りませんが、少なくとも、自分はもうこのままでいいと思っていたようです。

そんな彼が、１９２５年のクリスマス休暇を、スイスのアローザという村の山小屋に若い愛人と泊まっているときに、方程式を閃いたわけです。

その方程式がシュレーディンガー方程式ですが、形としては彼にとって慣れていたものでした。

みつろう　固有振動の方程式ですね。

保江　はい。それについては、彼以外、すでに一線にいるお歴々は微塵も考えなかったことです。そんな音の方程式なんか、原子に関係ないだろうとしていました。

でも、シュレーディンガーはその分野のプロだったから、彼の頭に降りてきたのはどう見ても太鼓とか空気の振動、そんなものに近い形の方程式でした。

みつろう　シュレーディンガーもワインを飲んでいたのでしょうね、もちろん。

保江　当然でしょう。

みつろう　やはり、全員ワインを飲んでいたというのが共通項ですね。

保江　彼女が寝てから、暖炉の前で閃いた方程式を元に、ボーアが導いたバルマー系列のエネルギー準位が、この方程式だけで出るかどうかを検証し始めたわけです。

みつろう　ボーアのは素朴なモデルで、波で再現されていましたよね。

保江　シュレーディンガーは、ちょっと複雑な方程式をやり始めて、出てきた方程式をいろいろ簡略化しました。

そして、最終的に出てきたのが太鼓の固有振動の方程式で、彼が見慣れた得意な方程式になった。

そこからがけっこう複雑で、古典物理学の範囲でも、数学ではベッセル関数やラゲール多項式という特殊関数を使って初めて解けるのです。

みつろう　固有振動数でしたら、けっこう簡単な式もありますが。

保江　そんなレベルではないのです。

例えば、太鼓を叩いて出てくる音がありますね。

みつろう　何回叩いても、ある太鼓からはその太鼓に固有の振動数しか出てこない、というのが、固有振動数でしたよね。

保江　叩いたときの振動の目に見えない波の形を記述する関数は、ベッセル関数という超複雑な関数です。そんなことは物理学者も数学者も、一般向けにはいいません。

バルマー先生が閃いたように、共振の条件というのは簡単なわけです。

でもこの波自体を、振動を表す方程式から解くには、ベッセル関数やラゲール多項式などを知っている必要があります。それを、シュレーディンガーは熟知していたわけです。

みつろう　固有振動数のプロですからね。

保江　それで、自分の知っている太鼓の固有振動を3次元の空間に応用してみると、見事にその固有振動数の条件も出てきました。

それが、バルマー系列でした。

もうそれで彼は、狂喜乱舞したわけです。今まで田舎に引っ込んで諦めていた彼が、誰も気づいていない方程式を発見し、しかも方程式の種類も違ったわけです。

ド・ブロイのは四則計算で簡単だし、ボーアのも素朴なイメージでした。

みつろう　アインシュタインのはもう少し複雑ではないでしょうか。

保江　いいえ、簡単ですよ。単に$h\nu$、周波数×プランク定数のエネルギーを持っているのが光量子だという、それだけです。

ですから、みんな素朴な方程式です。ゾンマーフェルトだけはもう少し複雑ですけれど、それだって軌道です。

でも、初めてシュレーディンガーが、軌道なんて使わず、固有振動、つまり波で見事に原子の中を記述できたわけです。

彼は、この方程式を前面に出せば全部説明できるよと、一挙に論文にしようと思いました。

そこで、早々にクリスマス休暇を切り上げて、チューリヒに戻って研究室で論文を書くわけですが、一つだけ問題がありました。

それが、どのような道筋で生まれた論考なのかを書く必要があったのです。

みつろう　そこまで書く必要はないのではないですか。

保江　書かずに方程式だけを出しても、誰も信用しないわけですよ。たまたま結果に合うような方程式を捻り出しただけでしょうといわれるのがおちです。

みつろう　そんな風にいわれるのですか。

保江　そうです。彼は田舎者ですし。プランクだったらポンと出しても皆、認めたかもしれませんが。

みつろう　権威ってすごいですね。

保江　シュレーディンガーには権威がなかったので、3日間考え抜いて論法を考案しました。つまり、古典力学、古典物理学の方程式から出発して、彼が閃いたその方程式に至る論理的な道筋を考えたのです。

これはすごいことで、それが、量子力学の教科書に使われてきたのです。最近は使わなくなったかもしれませんが。

みつろう　つまり、シュレーディンガーは方程式はできたけれども、そのまま出しても誰も信じてくれないから、古典物理学から自分の方程式までをつなげたということですね。

保江　そういうことです。

みつろう　だとすると、きれいだった式が、とても長くなったのでしょうか。

保江　そうですよ。長い汚い式を通して、やっと最後のきれいな方程式になるということを示したわけです。

みつろう　最後の結果自体は、美しいのですね。それを3日間で全部やったとは、やはり天才ですね。

保江　固有振動の数学に長けていましたからね。

だから、シュレーディンガーが最初に書いた量子力学の論文は、「固有値問題としての量子化」というタイトルでした。

固有値問題というのは、数学で太鼓の音色などを決定することについての問題のことです。固有値を解く、つまり固有振動数を引っ張り出して計算するというのが固有値問題です。

みつろう　ある太鼓でどんな音が鳴るかということでしょうか。

保江　この大きさでこの素材でこの張力だとこうなる、ということです。

みつろう　打つ圧力で全部がわかるということですか。固有振動数は、張れば張るほど高くなるし、軽ければ軽いほど高くなりますよね。

保江　振動数のところだけ見ればそういうパラメーターで書けますが、その振動の波の形も、ベッセル関数とかラゲール多項式で出せるのです。

固有振動数は簡単です。ですから、バルマーが見つけたのも簡単なものだったわけです。

みつろう　固有振動数は簡単に出て、質量と張力に関係するから、軽ければ軽いほど音が高いし、張っていれば張っているほど高い。

それで、ワイングラスは張っているし軽いから、叩いたらカンという高い音がするわけですね。

保江　まず波の形を求めないと、その式は出てきませんけれどもね。

固有の波動の形を固有関数といいますが、固有関数を見つけて初めて、固有振動数が出てきます。

固有値問題というのは、固有振動数そのものがポンと出てくるわけではありません。

そこは本当に難しい数学ですが、シュレーディンガーは職業柄、得意だったということなのです。

みつろう　それで論文のタイトルを、「固有値問題としての量子化」としたのですね。

保江　量子化というのは、古典力学を量子化して量子力学にするという意味です。
それは学術雑誌の論文としては１９２６年に出版されたのですが、世に出るまで、やはり彼は心配だったようです。論文を書いて出版社に投稿して雑誌に載るまでに、1年ぐらいかかりますから。

みつろう　田舎の人だからですか。

保江　そうではなくて、それが一般的な期間なのです。査読もあるし、チェックもありますから。

実際、答えもちゃんと合いますし、彼には自分の発見がすごいということはわかっていました。

ですから、まずは真っ先に自分が出したということをいっておかないと、誰かに取られると思ったのでしょう。クリスマス休暇を切り上げてチューリヒに戻ってから、すぐにプランクがやっているベルリン大学の物理学専門誌の編集長に、手紙を書きました。

論文を送ったのではなく、まずは手紙を書いたのです。

そして、「このような方程式に基づけば、ボーア先生が出した水素原子のバルマー系列のエネルギー準位が出せるということに気づきました。今現在、論文を執筆中です。何月何日に投稿しますので、この事実をお知りおきください」と、すぐに知らせました。

みつろう　消印が大事ということですね。

保江　そうです。実物が今でも残っています。もちろん、ノーベル賞を取りました。でも、本当にそれがよかったのですよ。前後して、アインシュタインの助手を勤めたことでも知られる、ランツォス（＊コルネリウス・ランツォス。１８９３年〜１９７４年。ハンガリーの数学者、物理学者）という人が、まったく同じ方程式を見つけていたのです。

みつろう　僅差で、全然違うことになっていましたね。

保江　それは、物理学の世界ではよくあることです。
　真実は一つですから、だいたい同じ時期に、まったく関係をもたない複数の人たちが見つけることもよくあるのです。

みつろう　だったら、待っていたらE＝mc２乗もいずれアインシュタイン以外の誰かが出したのですね。

保江　もうすでに出されていたかもしれませんが、無名の人では相手にされないですからね。
　結局は、運がいいか悪いかだけなのです。物理学の答えは一つ、神の答えは一つですから、いつか誰かが絶対に出すのですよ。
　だいたい同じタイミングで出しますが、お互いに知り合うことはまずありません。

みつろう　手紙を書いておいてよかったですね。ランツォスが出したのは、ちなみに1年後くらいでしょうか。

保江　正確に調べると、手紙よりもうちょっと早かったのです。ただ、公表が遅れてしまったのですね。

みつろう　では、ランツォスのほうがシュレーディンガーよりも先に閃いていたのですね。

保江　そうです。1925年のクリスマスよりも前に閃いていました。

それで、すぐに論文にすればいいのに、もっと田舎にいたし、そんなに慌てなくてもという感じでのんびりしていたら、シュレーディンガーが先に出してしまった。

じつはこの二人は、後に、会う機会がありました。そのときシュレーディンガーは、「本当ならあなたのほうが先でした」といったのです。

みつろう　正直な、いい人ですね。

保江　そうしたらランツォスも、

「いえいえ、私のは物理的な考察が足りませんでした」といったそうです。どちらもいい人ですね。

保江　その後、シュレーディンガーが論文を立て続けに四つぐらい出します。最初が固有値問題としての量子化。２番目からは、もうどうやってこの方程式を導くかということはいわないで、彼が閃いたシュレーディンガー方程式を使って、こうやってどれも説明できるという例などを、どんどん出していきました。

そのときには、彼は量子力学という呼び方を使いませんでした、波動だから波動力学、ウェーブメカニクスと呼んだのです。波動エンジンとか、波動砲みたいでしょう。

みつろう　かっこいいですね。

保江　自分が編み出した、原子の中の電子とか素粒子の運動を記述する学問の体系を、波動で説明しているから波動力学としていた。

でも、他の物理学者たちは量子力学と呼び、アインシュタインもプランクも量子という名前を使ったのですね。

みつろう　クォンタムですか。

保江　そうです。ですから、波動力学というシュレーディンガーの枠組みも、あくまでクォンタムメカニクス、量子力学を記述しているということで、波動力学という用語を使う人はだんだんと減っていったわけです。そして、最後には量子力学だけが残りました。

でもいまだに古い物理学者には、波動力学という人もいますね。

ところで、シュレーディンガーは、じつは彼女と一緒に1925年に雪山に行く直前に、一つの波動方程式を見つけているのです。

そして、それを使って水素原子のエネルギー準位を計算していました。ところが、バルマー系列が出てこなかった。つまり実験に合わないので、それは捨てたのです。

その方程式は今では、クライン - ゴルドン - シュレーディンガー方程式と呼ばれていて、じつは正しかったことがわかっています。

みつろう　実験のほうに不具合があったということですか。

保江　水素原子に当てはめたのが間違いだったのです。このクライン‐ゴルドン‐シュレーディンガー方程式は、今では一般的にクライン‐ゴルドン方程式と呼ばれています。

これは、アインシュタインの特殊相対性理論も満たしています。

みつろう　すごいですね。

保江　ですから、電子が原子核の周りで動く速度が光の速さに近いときは、この方程式が当てはまります。

ところが、実際の水素原子ではそんなに速くないから、相対論的に正しい方程式で計算したエネルギー準位の結果は、実験では出ていなかったわけです。

でも、パイ中間子で当てはめたら合っていたのです。それはずっと後に、素粒子論が進んでからわかりました。

みつろう　パイ中間子の発見は湯川秀樹先生ですか?

保江　そうです。シュレーディンガーは、１９２５年のクリスマスの直前に、せっかく相対性理論を満たし、量子論の仮説も満たしたクライン‐ゴルドン‐シュレーディンガー方程式に真っ先に気づいていたのに、水素原子に当てはめるとバルマー系列が出てこないからこれは違ったと捨て、別の方程式を見つけたのですが、じつはそちらは非相対論的でした。

相対性理論の要請は満たしていないし、電子があまり早く飛んでいないけれども、実際の水素原子にはピッタリ当てはまった。

ところが、クライン‐ゴルドン‐シュレーディンガー方程式は、相対性理論の要請は満たしていますが、複雑というか、形がきれいではありません。

それで、いろいろと物議を醸していたときに、イギリスの名門大学の物理学教授のポール・ディラックが新しい方程式を見つけました。

みつろう　先生が一番好きな人ですね。

保江　はい。相対論的効果まで入れなくてはいけないとなるとシュレーディンガー方程式は使えないので、物理学者たちは困っていたのです。

そこにディラックは、シュレーディンガー方程式を拡張した、そして相対性理論の要請を満たしている新しい波動方程式を提唱しました。それが、今の素粒子論のディラック方程式と呼ばれているものです。クォークもディラック方程式を満たしています。

素粒子論というのは、相対論的なスピードで素粒子がすごい勢いで飛び交っている状況における話ですから、残念ながらシュレーディンガー方程式は使えなかったわけです。

ディラック方程式は相対論的で、さらに電子のスピードが遅いときはシュレーディンガー方程式になるのです。

もちろんノーベル賞を取りましたが、この方程式の何がすごいかというと、それまで電子の自転によると思われていたスピンが、そうではないということがわかったことです。

どういうことかというと、それまでの波動関数、つまりシュレーディンガー方程式の解である波動は、値が複素数です。

ところがディラック方程式は、その複素数が四つ並んだものなのです。1行4列の行列（＊数や記号や式などを縦と横に矩形状に配列したもの。書き並べられた要素は行列の成分と呼ばれる）で、それをスピノールと呼び、それによって初めて、電子が持っているスピンという概念が本質的に何かということまでもがわかったのです。

そして、相対性理論を量子力学の波動方程式に矛盾なく活かすとディラック方程式になって、ディラック方程式は4成分がないと矛盾が起きる。

ですから、4成分がじつは、電子のスピンを表しているということなのです。

みつろう　スピンを四つの成分で表すのですか。僕のイメージだと、スピンは右か左かの二つの成分かと思っていました。

保江　それまでは、パウリが意図的に2成分のシュレーディンガー方程式をパウリ方程式と呼び、2成分の複素変数で表していました。だから右回り1、左回り1。

ところが、それでは相対性理論の要請を満たさないので、ディラックが、「相対性理論を満たすためには、シュレーディンガー方程式の形は4成分になっていなくてはいけない」と気づいたのです。それで、二つが2成分ずつに分かれ、4成分になったのです。

みつろう　数式上の話ですよね。

保江　はい。それぞれでスピンが右左にあります。

なぜそれぞれに2種類があるのかというと、じつは電子と陽電子だったわけです。
ですからこのディラック方程式は、陽電子の存在をも記述しているのです。

みつろう　反物質側もということですね。

保江　同時に反物質も、陽電子までも説明していたわけです。

みつろう　この世界にあるものは全部、電子と陽子と中性子でできていますが、それぞれの反対側の物質である陽電子と反陽子までもがあった。中性子は一緒ですね。

保江　一緒です。パウリは、とにかくスピンを記述するには2成分でいい、としていました。

みつろう　物質側だけですね。

保江　当時は、陽電子が見つかったばかりでしたから、着目していなかったのでしょう。
それで、陽電子をどうやって記述しようかという話が起きていたときに、相対性理論との矛盾をなくすというディラックの数学的な要請のみで、4成分が出てきました。

さらにそれをいろいろと計算してみたら、4成分のうち、上の2成分は電子のスピンの右回り左回りで、下のほうは反電子である陽電子のスピンの右回り左回りでした。

つまり、スピンの概念と反粒子、つまり電子、陽電子の概念が、まず方程式が相対性理論を満たすことで、自動的に出てきたわけです。

みつろう　とても本物らしいですね。

保江　これが、ディラックの素晴らしさです。

シュレーディンガーの考えた量子論的な波動方程式を、アインシュタインの相対性理論と整合性を取るために、方程式は自動的に4成分になるという数学的な条件のみから、スピンも反粒子も出てきた。これがすごいことなのです。

みつろう　計算のみから導いたわけですね、そのような真理を。

保江　そのあたりまでで前期量子論が終わって、その後にシュレーディンガーとかディラックが、量子力学というものを組み上げていきました。

パート4　量子力学の誕生

保江　シュレーディンガーが方程式を閃いた1925年には、若者だったドイツ人の天才、ハイゼンベルクが、ボーアのいたコペンハーゲンに行きます。

みつろう　その当時、コペンハーゲン一派というのがあって、コペンハーゲン解釈というのはこの人たちの考えのことですよね。

コペンハーゲン大学とその周辺にいたのは、他には誰ですか？

保江　ボーア御大や、チューリヒから来ていたパウリです。ハイゼンベルクは、ドイツではゾンマーフェルトの若い弟子でした。

それで、ハイゼンベルクがボーアの下で研究したいと、ゾンマーフェルト先生の許可を得てコペンハーゲンに行ったわけです。するとそこには、大御所の先生方がいました。

じつはコペンハーゲンというところは、あんまり明るいところではないのです。

みつろう　街の雰囲気がということですか。

保江　緯度の高いところにあって、冬はすごく寒く、あまり華やかな街ではなく、雰囲気が暗いわけです。おまけにハイゼンベルクは花粉症だったので、だんだん体調を崩していきます。皆がボーアの下でどんどんすごい研究をしているのに、自分は花粉症に悩まされて、気分も落ちていった。
そこで、彼はあるとき、保養にいくのです。

みつろう　シュレーディンガーとパターンが一緒じゃないですか。気落ちから保養にいって何か見つけるという、おなじみのパターンですね。

保江　そうです。ただ。ハイゼンベルクが保養にいったのは、アルプスではなくて黒海の島でした。

みつろう　この人は暖かいほうに行った。

保江　いいえ、黒海は寒いのですよ。
そこは、ゴルトランド島というほぼ岩山の島でした。岩山ということは、緑がない、つまり花粉がないわけです。だから当時、花粉症の治療には一番良いとされていました。

それでホテルに滞在し、彼はスポーツマンで山登りが好きだったから、岩山に登ったりして健康を回復していきました。

ある夜、「自分がゴルトランド島で保養している間に、ボーアの下では秀才たちが議論をしてすごい理論を見つけている」と思い始めたら、眠れなくなってしまいました。焦った彼は自分で頭を叩きながら、何とか精神を落ち着けようと思って、朝日が登る前に山登りをしたのです。

そのとき、朝日がパーッと水平線から照らすのを見ていたら、その光から何か、数か記号みたいなものが彼に向かって飛んできたのです。

みつろう　霊的体験じゃないですか。

保江　そう、スピリチュアルな体験ですね。

彼がいうには、数とか記号とかが、目の前で踊りまくったのだそうです。

一部の人は、「居眠りしていて夢を見ていたのだろう」といいますが、その中に、掛け算をすると答えが違うという、後にハイゼンベルクの公式と呼ばれる式も入っていたのです。

シュレーディンガーは愛人と保養地に行って、シュレーディンガー方程式を閃いた。ハイゼンベルクは保養地で登山をして、ハイゼンベルク方程式を閃いたのですね。

みつろう　行列ですか。

保江　そう、行列です。当時、掛け算をして答えが違うのは行列しか知られていなかったから、ハイゼンベルクは行列といったのですが、それが朝日の中に出てきたそうです。

みつろう　シュレーディンガーの掛け算をしたら、答えが違っていたのですね。

保江　答えが違うと気づき、すぐに部屋に戻ってそれを書いて、検証したのです。
するとアインシュタインの光量子仮説とか、ド・ブロイの物質波仮説はうまく説明できました。
ところが、水素原子のバルマー系列、エネルギー準位を解くのに、電子の運動量と電子の位置を掛け算したときに順番を変えるとこれだけずれるということを、ハイゼンベルクの公式だけでは難しすぎて解けませんでした。
それで、しかたがないのでそのまま持って帰って、ボーアにそのことを相談しました。すると、そこにはスイスの天才物理学者、パウリがいたのです。

みつろう　スーパースターが揃っていますね。

保江　パウリは超天才でしたから、見事な閃きと数学力で、なんとそれを解くのです。水素原子のエネルギー準位を、ハイゼンベルクの公式を元に計算して、本当にバルマー系列を出したのです。

その数学の解き方は、いまだに語り継がれているくらい非常に難解なものです。

みつろう　物理学者ではなくて、数学者がやるくらいのレベルですか。

保江　そうです。でもパウリはそれを解いて、ハイゼンベルクのアイデアでボーア先生の水素原子のエネルギー準位が出ると証明しました。

そこで初めて、ボーア先生もハイゼンベルクの考えが正しいとわかって、彼の考えを電子とか素粒子に当てはめてみてから、行列力学と呼ぶことにしたのです。

つまり、電子の位置とか運動量という物理量を、行列として表現したわけです。

みつろう　行列についてですが、そもそも、3×4と4×3の解が違うというのがもう理解できません。

保江　常識と反するものですからね。

みつろう　ハイゼンベルクは3×4と4×3の解が違うということを朝日の中で気づいて、帰ってからそれをパウリが計算して証明した。

そしてボーアも、自分では計算できないけれどもパウリが計算したんだから間違いないといって、ハイゼンベルクの行列力学として認められた。

これは全てを無矛盾に説明できるけれども、非常に難しいものなのですね。

保江　それだけでは難しかったのです。行列が出てきますから。

当時の数学の世界でも行列というのは最先端の数学概念でした。掛け算の答えが掛ける順番で違うなんて、とんでもないものです。でも数学者はそれを、単なる知識として研究していました。

それが物理学に応用できたというので、ハイゼンベルクの下にジョルダン（＊エルンスト・ジョルダン。1902年〜1980年。ドイツの数学者）という物理学に明るい数学者がやってきました。

ジョルダンは、行列については専門家のような知識があったので、ハイゼンベルクは彼から数学的な行列についてのさまざまなヒントを得て、今でいうハイゼンベルクの行列力学という形に体系化して、論文を出しました。それがほぼ、シュレーディンガーと同じ時期です。

みつろう　波動方程式と同じ時期ということですね。

保江　ですから当時は、量子の世界を記述する精密な理論として、シュレーディンガーが波動力学と呼んだものと、ハイゼンベルクが行列力学と呼んだ両方が存在したのです。

ハイゼンベルクはコペンハーゲンのボーアグループが擁護していて、片田舎から出てきたシュレーディンガーはたった一人で孤軍奮闘していました。

それで、ほとんどの人たちが、行列力学のほうが本物だろう、シュレーディンガーはたまたまのラッキーで方程式を見つけただけだろうと考えました。

しかし、それに対してシュレーディンガーが、論文で自分の説と同じものだと証明したのです。

みつろう　すごいですね。この行列力学が、自分が出した説と同じだと看破したという。

保江　同じものだということを、数学的に証明したわけです。

みつろう　経過でつないでいったんですね。シュレーディンガーは方程式を最初に見つけたときに古典物理学からつなげて、今回は行列力学とつないだのですか。

保江　そうです。しかもそれは数学ですよ。

みつろう　天才のパウリじゃないと解けなかったものですものね。

保江　パウリは、水素のエネルギーレベルの計算をすることだけはできましたが、これが波動力学のシュレーディンガー方程式と一緒になるとは微塵も思っていませんでしたし、証明もできなかった。それを、シュレーディンガー自身がやってしまったわけです。

みつろう　この人は、本当に本物の天才なのですね。

先生が、若き天才とおっしゃっているハイゼンベルクが解けなかったのをパウリが解いて、パウリが解けなかったものをさらにシュレーディンガーが解いたのですね。

保江　解いたというか、つなげたのです。

みつろう　一番の天才ということになりますか。

保江　もちろん、シュレーディンガーは本当にすごい人です。太鼓の固有振動のプロだったからそんなことができたのですね。

シュレーディンガーは、全ての音の組み合わせが表せる行列を導いた

保江　みつろうさんも音のプロだから音で説明すると、例えばピアノの鍵盤があったとして、一つずつポンポンとキーを叩いて音を、つまり振動数を出すでしょう。

みつろう　固有振動を出します。

保江　同時にいくつかのキーを叩いて和音を出すと、重なった音になるでしょう。もっとたくさん叩けば、もっと重なります。

数学ではフーリエ変換というのがあって、基本の振動数の音を、それぞれの加減で全部足し合わせることによってどんな波形でも作れます。どんな音でも出せる、それをやっているのがCDなどです。

どんな波形でも、基本的なそれぞれの音の固有振動数の組み合わせから成り立っているのです。それで波動方程式が記述する、つまり固有振動としての原子の中での電子の振る舞いも、その固有振動だけを見て、それぞれの固有振動がそれぞれ何パーセントとして足し合わせることで、その波動関数という波動力学における、シュレーディンガー方程式の答えが書けるのです。

みつろう　ピアノと一緒なのですか。

保江　一緒です。

みつろう　基音があって、基音の2倍数があって、第3倍音、第4倍音と全部倍数ですよね。

例えば、僕の発する「おー」という音も、基本振動に対して第2倍、第3倍、第4倍とあって、整数倍以外のことを常音部分といいます。それらをフーリエ変換すれば、いろんな周波数でどの音でも作れますね。

保江　作れます。シンセサイザーがそうでしょう。

そういう形で答えが書けるということに、シュレーディンガーは気づいたわけですね。最初から固有値方程式である太鼓の方程式を解いて、波動関数の形を出していたのです。でもあるとき、これは音の理論と同じだから、基音である、量子力学における電子の固有振動を無限個用意して、それを足し合わせたらどうかと気づきました。

何パーセントがこれで、何パーセントがこれと足し合わせることで、任意の自在な波動関数を組み立てることができる。だから、波動関数を行列で書けるはずだと。

ピアノの鍵盤はいくつありますか？

みつろう　一般的なもので88鍵あります。

保江　88鍵なら88成分の行列を考えて、第1鍵盤、第2鍵盤、第3鍵盤をどの程度叩くかの組み合わせが、この行列で表せるわけです。

みつろう　全ての音の組み合わせが表せるのですね。

保江　シュレーディンガーは、そのことに気づくわけです。

ですから、波動関数を単なる波の形を表す数学的な関数ではなく、フーリエ変換、つまりそれぞれの基音を足し合わせたもの、重ね合わせたものと表現すれば行列で書ける。

フーリエ変換について説明しておくと、ジョゼフ・フーリエ（＊１７６８年～１８３０年。フランスの数学者）という数学者が、近代の19世紀に展開した理論です。

みつろう　ずいぶん前の話ですよね、他の人たちよりも。

ジョゼフ・フーリエ

保江　音でも何でもいいのですが、数学の概念として、どんな波形もサイン、コサインのきれいな波の周波数を少しずつ変えたものを無限個用意しておけば、それらを足し算で重ね合わせて書けるということに気づいた人です。

例えば、ある波があったとして、これは、この周波数のサインカーブ（＊正弦曲線）で表される波を◯パーセント、この周波数のサインカーブを◯パーセント足し合わせるとできる、ということを導く変換をフーリエ変換といいます。ですから元の、乱雑だったり奇想天外な形の波形でも、全て周波数がちょっとずつ違うきれいなサインカーブの足し算で書けるわけです。その足し算で書ける形にするのが、フーリエ変換です。

みつろう　音を数にするのですね。

保江　フーリエは数学者ですから、どんな波形でもサインの組み合わせで書けると証明しました。

みつろう　固定端反射というものがありますね。弦は端が固定されているので、固定端です。

波には、固定端反射と自由端反射がありますが、弦を1回弾くと、波が伝わってまた帰ってくるので、全ての整数倍の振動がこの中に無限個起こります。

1回やったときの第1倍音、それが戻ってきて第2倍音、第3倍音と続く。

条件によって奇数倍しかなかったりして結果が変わりますが、全ての音というのは第1倍音に対して無限倍音まで絶対に入っているのです。

その組み合わせが音になっているから、僕が出した「あー」という音にも、じつは無限の音が入っているわけです。
無限の音が少しずつ入っているのが僕のこの声で、その逆を考えれば、どんな音でも小さい音の組み合わせで絶対に作れるというのがフーリエ変換の概念です。
実際、ＣＤはそれで音を作っていますものね。

保江　ただし、現実的には無限個は足し合わせないので、ある音域でカットしていますけれどね。

みつろう　ＣＤはそうですね。でも、フーリエ変換はそうではないのですよね。

保江　フーリエ変換は無限です。数は無限個足せますから。

みつろう　シュレーディンガーはそれに気づいた。

量子力学はこうして発生した！

みつろう　ちょっと時系列を整理します。

シュレーディンガーは、愛人とクリスマス休暇に行った後、シュレーディンガー方程式を発表したときには、フーリエ変換には気づいていなかったのですか？

保江　そうです。そんな必要すらなかったのですから。

みつろう　まだ考えていなかったけれども、行列力学が出てきてから考え始めた。

保江　行列力学をハイゼンベルクが出してきて、向こうのほうが勢いがあるし、コペンハーゲンでボーアも賛同しているし。同じように水素原子のバルマー系列を引っ張り出したパウリが出てきた。

このままでは、波動力学が落ちて行列力学が主流になってしまう。

それでちょっと、考えたのでしょうね。同じ結果を出すなら同じもののはずだと思ったわけです。

ですから、つなぐ道筋はあると思ったけれども、片や波動方程式、片や行列で掛け算をしたら答えが違うので、全然とっかかりがありませんでした。

でも、幸い音の専門家だったから、フーリエ変換を思いつくわけです。

そして、原子の中も太鼓の中みたいなものだから、どの基音を何パーセントという風に足し合わせたら、どんな波形でも作れると思ったのです。

電子の状態を表す波動関数が行列で書けることに気づいてしまったら、もうあとは簡単でした。シュレーディンガー方程式の波動関数を行列で書いて、検証していったら同じものだとわかり、結局両方が融合しました。波動力学も行列力学も、じつは同じものだったと証明されましたから。

みつろう　表し方が違うだけだったと。

保江　その同じものに一つの名前をつける必要があるということで、量子力学と名付けたわけです。

みつろう　すごく勉強になります、ここで初めて、量子力学というワードが出てきました。

保江　量子力学が出ました。

みつろう　それまでは、波動力学と行列力学に分かれていた。

保江　でも同じものなら、その背後にあるものに名前をつけようとなって、初めて量子力学と呼んだのです。

ところが、その背後にあるものを量子力学と呼んでも、それがどんなものかについては、みんなあまりピンときませんでした。片や波、片や行列ですから。

そこで、ディラックがディラック方程式を閃いて、方程式を出してから教科書を書きました。その教科書のタイトルが、『量子力学』、クァンタムメカニクスです。

みつろう　融合した後に書いたのですね。

保江　もちろんそうです。彼は非常にノーブルで、行列という言葉も使いませんでした。

ハイゼンベルクが行列力学を考えたエッセンスは、掛け算して順番を変えたら答えが違うというそれだけのことで、別にこんな成分とか行列はいらないと考えました。

そこで量子、つまり素粒子のようなもののエネルギー、運動量、位置、そういう物理量は全て特殊で、普通の数では表せないので、それをクァンタムナンバーと称しました。

そして、それは掛け算の順番を変えたら答えが違うような数だ、と決めたのです。

みつろう　定義したわけですね。

保江　ディラックはそれだけで、古典力学を書いたのです。古典力学の方程式をそのまま持ってきて、ただ、掛け算するときには注意しろと。入れ替えたら答えが変わるから簡単に入れ替えないようにして、入れ替えるときには補正をしろといいました。

補正のところにプランク定数が入ってきて、それを使って古典力学の方程式をいじると、ハイゼンベルクが見つけた方程式も出てくるし、シュレーディンガー方程式も、自身のディラック方程式も出てきました。ある意味、全てを統一したわけです。

それで初めて量子力学、クァンタムメカニクスというのが、全世界の物理学界の中で定着しました。ディラックがまとめたようなものです。

みつろう　天才二人をまとめたのですね。

保江　天才二人をまとめた、一番の天才です。

みつろう　やはり、天才だからできたことでしょうか。

保江　そうです。ハイゼンベルク、パウリ、シュレーディンガーよりも上だったからです。
しかも、シュレーディンガーと同じ孤高の人でした。

みつろう　どこの国の人でしたっけ。

保江　イギリス人でケンブリッジ大学出身ですが、あるとき、どうしてもと学会に引っ張り出されて講演した後、みんなが議論をしているときに彼は一人で自分の部屋に戻ったそうです。
そうしたら主催者がわざわざやってきて、
「今、下のサロンで皆さんが議論なさっていますが、先生はどうして参加されないんですか」と聞いた。そうしたら、
「無駄なことをしても意味がありません」と答えたそうです。

みつろう　なんともかっこいい。

保江　「それはどういう意味でしょうか」と主催者が聞くと、
「あの人たちは、例えていえば、自分たちが鍵を落として、落としたのが茂みの中とわかってい

ながら、夜は暗くて茂みの中は探せないからと、違う場所にある街灯の下で探しているんです」といったのです。すごい皮肉でしょう。

あっちに真実があるのに、こっちでみんなで突つき回しても意味がない、だから無駄だといっている。超かっこいいでしょう。

みつろう　この人が一番ですね。

保江　それがディラックなのですね。

そこまでで、量子力学がほぼ完成します。前期量子論はゾンマーフェルトで完成していて、次が量子力学です。

みつろう　ディラックが量子力学を完成させた……、よく理解できました。

プサイとはいったい何なのか？

保江　すると、完成したものに対して、重箱の隅を突つくようないろんなつまらないことをいう人も出てくるわけです。

そこで、いよいよ観測問題というのが出てきます。

最初の頃は、観測問題なんて考える隙もありませんでした。黒体放射の問題、光電効果の問題、相対性理論との矛盾をなくす問題、スピンの問題、反粒子の問題と、目の前に問題が山積みだから、とりあえずそれらを解決するのに精一杯でしょう。

でも、ディラック先生が1928年に量子力学を完成させると、じゃあそれを使ってちょっと変わった実験を説明できるかとか、いろいろ考え始めます。

当時の技術では実際に実験することはできなかったので、思考実験をするのです。

みつろう　実験施設が整っていなかったのですね。

保江　当時はね。

みつろう　理論物理しかなかったという。

保江　そうです。それで、いろいろと思考実験をすることで、量子力学を理解できた物理学者も増えてきて、余計なことをいい始めたわけです。

みつろう　この時点で量子力学が理解できていた人たちは、これが万物を説明すると思っていたのですか？

保江　そこまでは思っていないですね。

みつろう　未解決問題はあるという認識ですね。

保江　それは常にあります。でも彼らは、少なくとも原子の内部のこと、素粒子のことは多分これで記述できるだろうと考えました。

みつろう　アインシュタインも賛成していましたか。

保江　もちろん。シュレーディンガー方程式もOK、ハイゼンベルクの公式もOKとしていました。

みつろう　行列力学もですね。

保江　なぜなら、答えが出てくるわけですから。唯一、アインシュタインが反対したのは、後に出てくる波動関数の確率解釈でした。

それよりも、文句をいってきたのがボーアです。

みつろう　ボーアは、一番の親分じゃないですか。

保江　コペンハーゲンの親分ですよ。

みつろう　それが、どうして文句をいい出したのですか？

保江　なぜかというと、自分は行列力学のハイゼンベルクを擁護しているから。

みつろう　ディラックに対して反対だったのですか。

保江　ディラックでもいいのですが、なにしろハイゼンベルクが一番可愛いわけです。

みつろう　自分の弟子ですからね。

保江　ボーア自身は、行列力学の考え方が一番いいと思っていたわけです。波動力学は、田舎者のシュレーディンガーが勝手にやったことだと。

みつろう　まだ認めていなかったのですか。

保江　やはり、認めたくないわけですよ。
そこでどうしたかというと、シュレーディンガーを講演に呼んだのです。そこには、自分の弟子たちの一派が大勢いました。

みつろう　当時の一番ですものね。
弟子も集まっているなんて、すごいアウェイじゃないですか。行きたくないですよ。

保江　そう、行きたくないでしょう。でも当時の一番偉い人だから、シュレーディンガーとしても、これを受けないわけにはいかなかったのです。

みつろう　干されるとかですか。

保江　無視されるから。でも彼には、自分がすごいものを見つけたという自信がありました。

みつろう　だから講演しても、大丈夫だと。そうですよね、行列までつないだ人ですものね。

保江　何をいわれても怖くないと、出かけていってレクチャーしました。

そうしたら、行列力学のハイゼンベルクもパウリもいて、錚々（そうそう）たるメンバーの前で孤軍奮闘することになりました。

どんな質問が来ても、数学の部分を全てビシッと答えることができましたが、そうなると、ボーアの優秀な弟子たちが黙らざるを得ないわけです。数学のベースがないわけですから。

みつろう　さすがシュレーディンガー、超天才ですね。

保江　ボーアはそれが、面白くないわけですよ。

みつろう　親分よりパウリのほうが、数学的には頭がよかったのですよね。

保江　もちろんです。でもパウリまでが黙ってしまいました。ハイゼンベルクは、自分の理論もシュレーディンガーの理論と同じだといわれて喜んでいるのですが、ボーアは腹が立っていた。
そこで、数学的なフォーミュレーション（＊公式化）では負けるので、解釈問題をぶつけたのです。質（たち）が悪いでしょう。

みつろう　ここで、二重スリット問題が出てくるのですか。

保江　そうではありません。波動関数とは何だ、といい出したのです。
シュレーディンガー方程式の答えにあるプサイ、それはいったい何なのか。
電子の運動量でもなければエネルギーでもなく、位置でもない。波動力学の波動を表す波動関数という、シュレーディンガー方程式の解と称するそのプサイというのは何なんだといい募りました。シュレーディンガーとしては、そんなことは今まで考えてもいなかった。単に計算上の道具なわけです。そのプサイがあれば簡単に計算ができるし、全てを説明できる。それでいいと思っていましたから。

それを、物理的に何だと聞かれたわけです。

例えば、水素原子の中で電子が動いているとき、その電子の運動を記述する波動関数であるプサイ。シュレーディンガー方程式を解いたら、確かにエネルギー準位はバルマー系列で出てくるけれど、そのときの解であるプサイというのは何なのか。

みつろう　根源的なことを聞いたのですね。

保江　もう、それくらいでしか論破できないと思ったわけです。

みつろう　論破したいのですか。

保江　ボーア率いるコペンハーゲン学派は権威ですからね。勝ちたかっただけですよ。

みつろう　シュレーディンガー方程式は、電子がどこに高確率で見つかるかということが、全部わかるのですよね。

保江　それは今だからいえるのであって、その当時はわかりませんでした。シュレーディンガー自身もそんなことはわからなかったのです。今は確率という概念もありますが、当時は知られていなかった。

それでシュレーディンガーは苦し紛れに、

「プサイは電子そのものです」といってしまうのです。するとボーアが、

「それはどういうことだ」と聞くので、もうシュレーディンガーは続けざるを得なくなってしまい、

「電子は単なるプツプツの粒子ではなくて、それ自体が粉みたいに散り散りバラバラになって原子核の周りに存在するんです。だから、雲のようにモヤモヤとしています」と答えます。

みつろう　ガス状なのですか。

保江　そうです。電子は一部、ガスのようにモヤモヤと分裂して、原子核の周りに分布しているといってしまったのです。

すると、ボーアが待ってましたとばかりに、反論を開始しました。

その当時、実際に電子の測定はできていました。シュテルン‐ゲルラッハの実験（＊１９２２年にシュテルンとゲルラッハが行った実験で、電子にスピンがあることを示した）（＊オットー・シュテルン。１８８８年～１９６９年。ドイツ生まれのアメリカの物理学者）（＊ヴァルター・ゲルラッハ。１８８９年～１９７９年。ドイツの物理学者）とか、スピンの実験とか、様々な電子の実験がすでにあったのです。大阪大学の名誉教授になられた、菊池正士（せいし）（＊１９０２年～１９７４年。日本の物理学者、理学博士。日本の原子物理学の黎明期を起ち上げた一人）先生の電子線回折もあります。

他にも、電子を波として解説したり、電子銃で撃って電子を点で表したり、そんな実験がすでにできるようになっていたのです。

それによって、電子の大きさの推定もできていました。

みつろう　それは、電子銃で１個の電子を撃ったときの、シミ跡からということですか。

保江　いいえ、シミ跡ではなく、計算式でです。

確かに電子銃で撃ったときには、モヤモヤと雲のように分布している。では、モヤモヤだったものが、いったいいつ点になるんだとボーアはたずねました。

それに対して、シュレーディンガーはすぐには答えられないわけです。だって、考えたこともなかったわけですから。

そこで、明日までに考えておくからといって、もう夜遅かったので部屋に引き上げました。

みつろう　いったん、棚上げにしたと。

保江　考える時間がほしかったのでしょうね。すると、ボーアだけが部屋までついてきたのです。

みつろう　ええ？　わざわざですか。お二人の年齢はどのくらいだったのですか。

保江　ボーアのほうは、すでに高齢でした。シュレーディンガーも、無碍(むげ)にはできなかったのですね。

ボーアは部屋までついてきて、あーだこーだとガンガンいってくるのです。

部屋まで逃げてくればシャワーでも浴びてゆっくり休めると思っていたのに、部屋に入り込んで……、怖いですね。もはやいじめです。

保江　それで、シュレーディンガーは、もう二度とコペンハーゲンなんか行くもんかと思うわけです。結局、失意のどん底に落ちて、スイスに戻ります。

　そのときまでは、確かにプサイについてまで考えられたことはありませんでしたが、波動関数とは何かについて、大勢の人が考え始めました。

　その中でハイゼンベルクとか、ボーア傘下のマックス・ボルン（＊１８８２年～１９７０年。ドイツの物理学者。ノーベル物理学賞受賞）が、ボーアやジョルダンにいわれて研究したのです。

マックス・ボルン

アーネスト・ラザフォード

　例えば、ラザフォード散乱（＊アーネスト・ラザフォード。１８７１年～１９３７年。ニュージーランド出身、イギリスで活躍した物理学者、化学者）は、原子に電子をぶつけるとどう散乱するかを示したものです。ただ、原子にぶつけるとされていますが、じつは、原子核にぶつけているのです。

みつろう　水素原子ですか。

保江　何でもいいのですが、原子核に電子銃で電子をぶつけると散らばるわけです。

まあ、本当の意味ではぶつかっていないのですが、相互作用で曲げられて、散らばります。

その実験をラザフォードという物理学者がやって、電子の曲がり角度がどうなるのかが、だいたいもうわかっていました。

その答えについては、シュレーディンガー方程式を使って、すでに出していたのです。

それをもっと複雑な原子核にも応用すると、計算が難しくなります。原子核が大きくなっていくと電子もたくさん持っていて重いし、しかもこの外の電子の分布も複雑になります。

そういう複雑なターゲットに電子をぶつけてどうなるかということを、シュレーディンガー方程式を使って計算しようとしても、難しすぎて解けないわけです。

みつろう　複雑すぎたのですね。

保江　水素原子核にぶつけるのは、1個だから簡単に解けます。でも、複雑になるにつれ、解けなくなっていきます。

それでも実験屋はどんどん原子にぶつけてみるので、いろんな実験結果が出てきます。それを理論で示したくても、計算が非常に難しい。

ちなみに、ハイゼンベルクの行列力学を使ったら、絶対にできません。

みつろう　増えれば増えるほど、指数関数的になっていくからですね。

保江　ところが、シュレーディンガー方程式なら、何とかなりそうでした。

音の波であれば、コンサートホールの反射音の設計と同じです。何かで散乱されるわけですから。電子の波がやってきて反射されるというのは、音の波がきて反射されるのと同じなのです。

そのときの数学的なやり方をマックス・ボルンが応用し、初めてシュレーディンガー方程式で複雑な散乱を簡単に解く方法を見つけました。それは、ボルン近似と呼ばれています。

例えば音の場合は、反響音と他の音が重なるといけないから、反響音を出さないようにしますね。

それと同じように、実際は、原子核から散乱した波が、別の側から回り込んでいった波と重なったりするわけです。そうすると非常に複雑になって、計算が難しいのです。

そこで、ボルン近似という、複雑なケースは外すという方法にすると、音であれば空気の疎密波が重なっているという説明ができました。

ところが波動関数は、ボーアがシュレーディンガーに対して文句をつけたように正体不明なものです。その正体不明のものの重ね合わせで散乱のパターンを説明しようとしているから、またボーアが何かいってくるかもしれないと思いました。

みつろう　そこでボルンは、初めて確率を持ち出したのでしょうか。

保江　実験では、散乱をしたら、ある方向に飛んでいく割合がこれくらいで、他のある方向に飛んでいく割合がこれくらいという表現をします。

だから、散乱という問題は、確率という概念と結び付けやすかったのです。

そこで、波動関数が重ね合わさって値が大きくなっているところは、そこにいく確率が高いということになったわけです。

波動関数が重なっても、波動関数の値がゼロに近いところには行きません。つまり確率が小さいということです。

ボルンが確率という言葉を使って、世界で初めて確率解釈を出しました。それで、ボーアもやっと納得したわけです。

みつろう　納得してくれたのですか。

保江　自分の弟子のボルンがいったからです。

みつろう　敵には回したくない、けれども、味方にいたら最強の人ですね。

保江　ボルンは、

「散乱のときの確率分布のことを散乱断面積というが、その確率分布を導き出す計算ができるのが波動関数、つまりプサイなんだ」といいました。

それからは、シュレーディンガー方程式の解であるプサイは、波動関数の絶対値の２乗がその場所に、例えば電子という素粒子、量子がやってくる確率を示しているという考えが定着しました。

波動関数は計算上の道具であって、それ自体の物理学的な意味はないのですが。

みつろう　僕がたまたま知っていたそれに関する知識というのは、電子の見つかりやすさの確率の雲を、シュレーディンガー方程式で出せるとボルンがいったおかげなのですね。

保江　それで全て、ＯＫのはずでした。

ところが、「それはおかしい」といった人が二人いました。一人がアインシュタインで、「確率というのは可能性だ。神はサイコロを振り給はず。物理学を確率で説明するのはおかしい。考え直せ」といいました。

みつろう　答えは一つなんだから、確率なんていわれたら困ると。

保江　しかも彼はすでに、光電効果でノーベル賞を取って相対性理論も出し、特殊相対性理論だけではなくて一般相対性理論も出して大御所になっていた。

その人が反対したから、大変なことになったわけです。

みつろう　その頃、アインシュタインはどこにいて何をしていたのですか。

保江　アインシュタインは1922年にノーベル賞を取った後、ベルリン大学の教授になっていました。
その頃、ヒトラーが台頭してきたのです。

みつろう　ちょうどその時期でしたか。

保江　アインシュタインはユダヤ人でしょう。危ないのでアメリカに亡命し、プリンストン高等研究所の教授になるのです。

みつろう　ここでプリンストンが出てくるのですか。放射線をぶつける実験で有名なのが、プリンストン大学ですよね。たしか、素粒子加速器を持っているという。

保江　プリンストン大学もありますが、プリンストン高等研究所は別施設です。プリンストン大学を創ったお金持ちが、さらに研究所も創ったのですね。

みつろう　アインシュタインは、光電効果ですでにノーベル賞を取っていたのですね。

特殊相対性理論では取りましたか？

保江　いいえ、取っていません。

みつろう　ノーベル賞は1個しか取っていないのですか？

保江　はい、1個だけです。

みつろう　相対性理論よりも、光電効果のほうが認められていたのですね。

保江　そうです。光電効果でノーベル賞を取ったときの、ノーベル財団の説明はこうです。

「これはあくまで、アインシュタイン君が提唱した光電効果を光量子仮説で説明する理論に対しての授賞であり、彼が他に提唱している相対性理論に対するものではない」と。わざわざコメントしているのです。

当時、まだ相対性理論は認められていなかったからです。

みつろう　コペンハーゲンの一番のボスのボーアが、弟子のボルンがボルン近似、確率といい出したのに対して、反対した人が二人いた。

一人がアインシュタイン。ボーアのほうはかなりの学閥ですけれども、アインシュタインのほうはどうでしたか。

保江　同じぐらい強かったですね。

みつろう　では、やはり力が大きかったのですね。光電効果も見つけたし、相対性理論もあったし。

保江　両方とも強いから、激突したわけです。それ以来、二人はずっと論争します。

本当に、激しい論争が続きました。

みつろう　実際、偉い方たちですしね。

保江　そして、反対したもう一人が、シュレーディンガーです。

シュレーディンガーは、確率という考え方が愚かだというのを説明するのに、猫を出しました。

先述しましたが、確率でしか記述できないというのなら、猫が生きているか死んでいるかも確率なのかという問いを投げかけるのに、「シュレーディンガーの猫」という比喩を用いたのです。

みつろう　ホテルの部屋まで押しかけて嫌がらせをしてきたボーアを苦しめるために、思考実験としてシュレーディンガーの猫を出して、どう解決できるんだと迫ったわけですね。

お前の弟子のボルンは確率だといったけれども、どないやねん、と。

保江　それが正しいのならばこういうことになる、とね。

みつろう　シュレーディンガー自身は、シュレーディンガー方程式を作って行列までつなぎ合わせたのに、これが電子の確率であるとは思っていなかったのですね。

保江　そうだとは思えなかったのです。

みつろう　計算式まで全部わかったのに、シュレーディンガーは、それを説明できないまま死んでいったわけですね。

保江　そういうことになりますね。

そこまでは別にプサイについて、雲だとかをいう必要すらなかった。ハイゼンベルクの行列力学も、なぜ電子の運動量が行列なのかは説明されていない。

ディラックのいうクァンタムナンバーと同じレベルの記述であるプサイだったのに、向こうはそのままにされておいて、なんで自分のほうだけ……。

みつろう　難癖をつけるんだと思ったのですね。

保江　ですから、確率解釈は納得できなかった。でも、彼が見つけた方程式は正しかったわけです。

ただ、確率解釈としてやると実験結果の説明ができて、都合はいいのです。

さて、シュレーディンガーの猫が出てきて、さらにいろいろいう人が現れてきました。

そのシュレーディンガーの猫を元に、観測問題が形作られたのです。

先述のようにシュレーディンガーはオーストリア出身で、スイスのチューリヒ工科大学の近くにある州立チューリヒ大学の教授でした。

チューリヒ大学というのは、国立のチューリヒ工科大学に比べて、こと物理学に関してはずいぶんと見下されていました。

実際に、ベルリンとかコペンハーゲンで量子論の熱い議論が沸き立っていることをシュレーディンガーが初めて知ったのは、チューリヒ工科大学に招かれてセミナーをしたときでした。

そのときにやっと、他の物理学者たちが、原子の中の電子の振る舞いを記述する方程式を見つけようとしていることに気づいたのです。

みつろう　みんなより、かなり遅れていますね。

保江　じつは、チューリヒ工科大学のセミナーには、チューリヒ大学の教授などは呼ばないのが通常です。

ところが、予定していた著名な学者が都合で来られなくなり、しかたがないから穴埋めにシュレーディンガーでも呼んでおけとなったわけです。誰も聴かなくてもかまわないからと。

その結果として、シュレーディンガーが問題意識を持ち始め、原子の中の電子の運動を記述する方程式が今、必要なんだと気づいて、自分の得意な固有値方程式でいろいろやってみることにしたわけです。

みつろう　行ってよかったですね、このセミナーに。

保江　でもセミナー自体は不評で、馬鹿なことをいっているとひどく批判されましたし、古典力学の音とか固有値問題などの古い話をしても、ほとんど誰も聴いてくれませんでした。

みつろう　かわいそうな運命が続きますね。最後には少しくらい、いいことがあったのでしょうか。

保江　結局、逃避行が続きます。

みつろう　なるほど。例えば、遠くでもいいので、可視光線で見える、つまり望遠鏡で見える範囲の部屋の中の会話を拾う技術というのは、ありえるのでしょうか。

なぜ可視光線かというと、その部屋で音、つまり音波が出ますね。すると、音波といわゆる電磁波に干渉跡ができるそうです。

保江　ソノルミネッセンスですね。

みつろう　はい。電磁記憶ですかね。

とにかく可視光線さえ届くのなら、その可視光線から光の成分を除いて音波だけを取り出せるという技術を、今、イスラエルで開発しているんですよ。

こういったことが、普通に表に出てくるようになりました。だから多分ＫＧＢなどは、30年くらい前から知っているんじゃないでしょうか。この記事は、普通に新聞か雑誌かに載っていたのです。


僕はそこから、再現性を考えてみました。

考えてみると、僕たちは水でできているから、今まで僕たちの体が受け続けた全音波を、何かしらの成分を抜けば拾えるんじゃないかと思ったのです。

だから超能力者は、今いったイスラエルが開発しているような技術より、もっとすごい何かを使っているのではないか。そういう成分を抜けば、昨日の夜の振動数ぐらい、体内に保持されているのではないかなと思ったのです。

そういう再現性を自分の中でいろいろと突き詰めていくと、沖縄にある祈りの文化とか、死人を生き返らせた伝説とかは、ありなのだろうなと思いました。

というか、自分が体験しているだけでも、おかしなことがたくさんあります。それを、再現性をもってもう一回やりたいのです。

さらにいえば、沖縄でそういう能力があるのは女性だけと決まっています。

おそらくこれも、遺伝子の関係だと思います。男にしかないといわれるY染色体の違いもあるのかもしれません。

保江　四国には、いざなぎ流と呼ばれているキリストの末裔たちがいて、彼らは男です。

いざなぎ流の神官は、神道の神主みたいなスタイルをしていて、彼らの祝詞(のりと)の中にイザナギ、イザナミという音がしょっちゅう出てくるので、「いざなぎ流」と地元の人たちは呼んでいるのです。

彼らも死人を生き返らせるのですが、それができるのは男だけです。

他にも空中を歩いたりとか、キリストができたことはたいていやれるので、キリストの末裔といわれています。彼らは今も、四国の山の中にいるそうです。

その人たちや、僕の知っている霊能力者など、みんながいうのが「空間に全部ある」ということです。

みつろう　阿頼耶識だ。

保江　そうですね。それを物理的に表現できるのは、素領域理論だけだと僕は思っています。

それで空間を読むことができるのです。

旧ソビエト連邦の物理学者が、空間の微細構造、素領域と素領域の間の部分の配向を読み取る技術を5、60年前から開発していて、それを応用したのがメタトロンという機器です。

それから、メタトロンの亜流でタイムウェーバーなど、いわゆる波動医療とかいわれているものもそれです。松果体そのものを読むのではなく、松果体があるところの空間の背後の微細構造を、磁場を介して読んでいるのです。

そうすることで人間が持つ、いわゆるオーラと昔からいわれているものとか、アストラル体とかエーテル体が読めます、それらは全部、空間のほうにあるからです。

人間の記憶も、前世の人と人のつながりも、全部空間にあるということです。

そこには、宇宙の背後にある全ての空間の情報があるので、ユリ・ゲラーとか超能力者はここだけ見ればいいそうです。

ですから、お医者さんの中には、以前は患者の体の周りだけを手で触ったり、レーザー光線のポインターを使う人もいましたが、だんだん慣れてくるとそれらもいらなくなります。

患者の側の空間を読み取る必要すらなくて、自分の体の中の空間と患者の体の中の空間は同じで、つまりつながっているから、何もしなくても患者がそこに来るだけで情報がわかるようになります。

あるいは、名前と生年月日を知るだけで、遠くにいる患者のことでもわかるし治療もできる。

このような西洋医学の医者を何人か知っています。

みつろう　空間にすべてがあるというのは、なんとなく理解ができます。自分でも体感してきたように思えますから。

パート5　二重スリット実験の縞模様が意味するもの

ディラックが完成させた量子力学からラザフォード散乱まで

保江　これまでの話を、時系列でまとめておさらいしましょう。

イギリスのディラックが、ハイゼンベルクの行列力学とシュレーディンガーの波動力学をまとめて「量子力学」と名付け、一般に広がっていくような素地を作ったというのが昨日の話です。

それでやっと、量子の世界、原子、分子の世界、不思議な見えない世界を切り拓いてゆく枠組みと道具立てが、物理学者の手に入ったわけです。

それまでは、ボーアやアインシュタインやプランクなどの、偉大な物理学者だけが試行錯誤していたのですが、それをやっと、量子力学という枠組みにすることができました。

みつろう　行列力学と波動力学を統一したような形になったのでしたね。まずは、記述でつないだとおっしゃいましたが、等式か何かを使ったのでしょうか。

保江　同じものだと証明したのはシュレーディンガーですが、その枠組みを作って、数学的な表現方法として統一したのがディラックです。

ディラックが提供した統一的な記述方法が、量子力学のスタンダードになりました。

これで、偉大な物理学者たちが四苦八苦したような努力を知らなくても、量子力学という枠組みさえ勉強すれば、末端の物理学者とかこれから物理学を勉強したいという人も、最先端の量子の世界、素粒子の世界に切り込んでいくことができるようになったのです。

みつろう　これによって、一段ずつ登らなくてよくなったということですか。行列力学も波動力学も通らないで。

保江　それはもう忘れていいですと。

みつろう　ここまでの道は忘れて、統一されたものだけでいいとしたのですね。

保江　統一されたディラックの量子力学だけ学べば、もうそんな面倒なことは必要ないのです。

みつろう　ずいぶん簡単に入れるようになったのですね。

保江　とても楽です。ですからディラックの教科書には、水素原子のエネルギー準位の計算などは、細かく書いてありません。

みつろう　バルマー系列はどうですか。

保江　それはもう末端末梢のことです。

本質だけわかっていればいいのです。理屈だけわかって、こういう数学の記述方法さえ知っていれば、もっと不可思議なミクロの世界を探求できるという道具立てがやっとできたわけですから、当時のヨーロッパやアメリカの物理学者はみんな、量子力学に飛びつきました。

みつろう　それまでは、素人には手を出せないくらい意味不明なことをやっていたわけですね。

保江　まさに意味不明で、重鎮のみが理論を戦わせていました。

ごく限られた物理学者しかそうした議論をしていなかったところに、彼らの弟子とか無名の物理学者とか、そんな人たちもみんな量子力学について議論できるようになって、裾野が広がったといえます。

そうすると、今度はいろんなことをいう人間が出てくるわけです。

元々、ハイゼンベルクの行列力学においては、例えば光量子、光子、あるいは電子の物理量や存在する位置や運動量などは、それまでの古典物理学のように普通の数値で表されないものとされていました。

ハイゼンベルクの時点では、それらは、掛け算の順番を変えるとずれてくるものだと思われていたのです。


当時、数学の世界でそのようなものは行列を使うものしかなかったから、行列でそれを表して行列力学と呼んでいました。

ディラックは、波動力学と行列力学を統一する記述を生み出すときに、行列とか具体的なことはいわずに、量子の世界では量子の物理量を掛け算する際に掛け算の順番を変えると、答えが違うようなものだということを認めさせたのです。

最初に仮定して、そういう数を、クァンタムナンバー、量子数と呼びました。数学的には作用素、英語ではオペレーターといい、抽象的な数学概念ですが、今回はその話はしません。

とにかく、掛け算の順番によって結果が変わるような不思議な物理量が、電子や光子のような量子についての運動量であったり、位置を表したりするのだといったのです。

それで実際に、電子の運動量などの物理量を測定すると、普通の数値で出てくるので、古典力学で使っていたのと同じ、実数で書ける答えが出るわけです。

測定器にはそういう目盛りしかないですが、測定すれば位置も出るし運動量も速度も出ます。ディラックはそこから学び始めました。掛け算して順番が狂う特殊な数だといっておきながら、測定するとちゃんと普通の数が出るということで、特にその批判は行列力学のほうに向けられました。

みつろう　ボーア派のほうですね。

保江　ボーアが擁護しているハイゼンベルクに向けられたわけです。

行列については、電子の運動量が無限行、無限列でとんでもないとされていたのに、実際測定した結果は一つの数で出てきているとの意見が、たくさん寄せられるようになりました。

量子力学の創世紀では、ごく一部の人しか議論していなかったので、そんな意見は出たことがありませんでした。それに、ボーアに意見するなんて恐れ多いですから。

みつろう　怖いですからね、ホテルの部屋まで押しかけてきますからね。

保江　その話ですが、ボーアがシュレーディンガーの部屋まで来て詰め寄ったとき、シュレーディンガーは本当に落ち込んで、帰り際にぽろっといった言葉があります。それは、

「こんな（シュレーディンガー）方程式なんて見つけるんじゃなかった」というものでした。

彼にそこまでいわせるくらいガンガン責めたのですね。すごいでしょう。

裾野が広がった分、いろんな批判的な意見をいう人間が増えてきて、その中で一番きつい意見が、実際、もっともなものだったのです。


実験では普通の数値で出ているのに、なぜ掛け算の順番を変えたら違うのか。

行列とかクオンタムナンバーというのは何だ。どうなっているんだ。

そんな意見が続々と出ていましたが、それはシュレーディンガーの波動力学が原因ではなく、元はといえばハイゼンベルクの行列力学が原因だったのです。

でもそれを擁護していたのがボーア、コペンハーゲンの派閥なので、ボーアも擁護せざるを得ず、とんでもないことをいうわけです。


その前哨戦になったのが、ボルンの確率解釈です。

マックス・ボルンという当時まだ若かった物理学者が、ボーアのグループに入りました。彼は、それまでは水素原子のエネルギー準位を波動力学や行列力学を使って計算していて、まだ、電子が原子核の周囲に束縛されている状態でした。

みつろう　捕らわれているということですね。

保江　捕らわれている状態のエネルギー準位を計算していたのです。ところが、それより少し前に原子の構造を調べようとして、イギリスの物理学者のラザフォードが、原子に電子をぶつける実験をしました。

みつろう　その時点で、電子銃はもうあったのですよね。

保江　もちろんです。すると、原子が電子を跳ね返したり、曲げたりします。電子が飛んできて曲がっていくということは、すでに、実験でわかっていました。それをラザフォードは、最初は古典力学で考えました。

太陽に向かってすごい速度で何かが飛んできたときに、太陽の、例えば引力で曲げられてどこかに飛んでいくことについては、ニュートン力学を使った計算でどう曲がるかまできちんとわかるのです。原子の中心には原子核があって、ニュートン力学の引力とか斥力を、電気的なクーロン力として計算したら見事に当たります。
　このことは、古典物理学でも説明できますが、まだ束縛状態です。

みつろう　今度は、自由電子ということですね。

保江　最初は自由電子です。

みつろう　束縛されていない、電子だけのものが飛んできたら……。

保江　相互作用した結果、どこか別の方向に飛んでいきます。

みつろう　これは、プロトンと中性子には当たらないのですか。

保江　それは無理です。今のCERN（＊セルン。欧州原子核研究機構　スイスのジュネーブ郊外でフランスとの国境地帯にまたがって位置する世界最大規模の素粒子物理学の研究所）が使っているくらいの電子銃を使わないと当たりません。

みつろう　その電子銃は、電子と陽電子を当てられるということですか。

保江　はい、当てています。

みつろう　つまり、原子核に向かって電子を撃っても、全然大きさが違うから当たらないということですか。

保江　当時の電子銃のエネルギーでは、当たらないということです。

みつろう　電荷的にエネルギーが必要なんですね。

保江　CERNが使っているものも、むちゃくちゃ大変なのですよ。ジュネーブ市が1日に消費する電力の半分くらいを使って回して、やっと当てられるのです。

ですから、当時のイギリスの技術では絶対に当たりません。

みつろう　当てられないのは、相互作用エネルギーを超えられないからですか。

保江　そういうことです。

みつろう　エレクトロンボルトが足りない。

保江　そうです。Evが足りない。でも曲がるし、跳ね返ります。

みつろう　跳ね返るのですね。

保江　クーロン力で反発されますから。

実験をすると、古典物理学で説明されていたような、そんなに悪くない答えでした。

それを、ラザフォード散乱といいます。ラザフォードさんが計算したからラザフォード散乱。古典力学を使って解析したものです。

ボルンが近似（ボルン近似）を発案した背景

保江　その後、ボーアの原子模型などで、束縛状態の電子のエネルギーは飛び飛びになるとわかりました。でも、ラザフォード散乱は飛び飛びにならず、エネルギーは自由に変化します。
例えば、ある数値の電子が跳ね返って、測定したら別の数値になっているというわけです。

みつろう　飛び飛びではなく。

保江　古典力学でやると、実験でも連続的に自由に変化します。
ですから、その頃の偉大な物理学者たちは、原子核に束縛された電子のエネルギー準位がなぜ飛び飛びになるのかだけを突き止めようとして、波動力学なり、行列力学なり、波動方程式を使って考えていた。束縛状態ばかりをやっていたわけです。
それで、何とか解明できていました。

ちょうどその頃に、ボーアがマックス・ボルンという若い物理学者に命じて、ラザフォードが古典力学でやったものを、今度は量子力学でやらせました。

しかも量子力学でやるときに、自分たちのグループのハイゼンベルクの行列力学でやるようにいいました。

みつろう　波動力学ではなくということですね。

保江　彼らとしては、行列力学でやるのが筋でしょう。

ところが、無理だったわけです。パウリという超天才をもってして、初めて束縛状態のエネルギー準位を求めることができたのですから。

それを今度は、束縛状態ではなく散乱する状態で応用するなんて、こんな複雑で難しい数学は、パウリですら無理だといいました。

みつろう　パウリは、ボーア派一の数学の天才でしたよね。彼が無理なのに、こんなものできるわけがないと。

ボルンさんはここで、お願いされたわけですか。

保江　ボルンがお願いされたときには、もう行列力学的な考えでは無理だというのは誰もがわかっていました。パウリも陰でいっていましたし。
そこで、もう波動力学しかないということになったのです。

みつろう　敵のやり方でやるしかないと。

保江　幸い、すでにディラックがまとめているから、別に波動力学を使っても恥にはならないと考えたのです。
波動力学だと、自由電子の波がくると、原子核がその波と相互作用した結果、遠くのほうで跳ね返ったり反射してきた電子は再び自由電子の波になります。それで、波がやってきて散乱するのです。

みつろう　波がやってきて、原子核に干渉を起こす。

保江　散乱させられて、波として伝わっていくというイメージは、すぐに浮かぶわけです。
するとそれは海の波が押し寄せて岩に当たって、岩の周りを回折してねじ込まれるのと同じだと気づいたのです。

みつろう　ボルンがですか？

保江　ボルンもですし、ボーアや他の人たちもです。だったら、波動力学のほうが、本当は役に立つということになったのです。

でも、あまりそこには触れずに、とにかく計算したまえといわれてボルンは計算し始めます。

自由電子の、サインコサインのきれいな波が押し寄せてきて、原子核との相互作用が起きるところは、シュレーディンガー方程式で記述できるのです。

でも、相互作用によって複雑な波になっていくわけです。すると、もう計算できません。

みつろう　水素原子核でも無理ですか？

保江　無理です。

みつろう　たった1個しかないのに、それでも無理なのですね。

保江　そうなのです。この散乱状態というのは、特殊関数を使います。やってやれないことはないのですが、ボルンはそういう数学は得意ではなかったから、こんなものは解けないといいました。こんな複雑な状況でのシュレーディンガー方程式は､解けっこないと。ところが、シュレーディンガーは、古典力学での音の伝搬の波については達人でした。

みつろう　疎密波のプロだった。

保江　疎密波だけでなく、海の波などの実際の波でもです。

みつろう　波動伝搬ですね。

保江　それでシュレーディンガーは、これは波が岩に砕けて当たる現象とほぼ同じだと気づいて、そこのところの数学は得意だったので、ボルンより先にそれを解いてしまいました。元々自分の方程式ですからね。

それで、シュレーディンガーは、散乱についてもちゃんと論文にしたのです。

みつろう　電子の波動が、原子核に干渉されてどうやって散っていくかということを、論文で出したのですね。

保江　そうです。とりあえず数式には表せて、具体的に電子をこのぐらいのエネルギーで打ち込んだ場合、どの角度にどのぐらい行くかというのも数式できちんと出しました。

みつろう　この時点では、この角度で何パーセントという確率ですか。

保江　確率解釈はしていませんでした。

みつろう　まだしていないのですね。

保江　なぜなら、シュレーディンガーは確率解釈を嫌ったからです。電子が雲のようになって、一部分が散るといいました。

みつろう　彼はボーアに対して、電子というのは散り散りバラバラなものといったのでしたっけ。

保江　粒ではなく、雲のように散り散りバラバラになっていて、それぞれが原子核の周りに分布すると主張しました。

ですから、散乱についても一部が別のほうに行くといったのです。

みつろう　一部というイメージなのですね。やってきた電子の一部だけが違うほうに行くと。

保江　それで、実際の実験では1個の電子なんて出せませんから、たくさんの数の電子を撃っていて、それでも矛盾はなかったわけです。

シュレーディンガーですら苦労して、音響物理学の波動の関係の特殊関数を使ってなんとか出した解を、ボルンがすぐに出せるわけがないのです。

そこでボルンは、近似的な考え方をして手を抜くわけです。シュレーディンガーは、自分の方程式だから手を抜きませんでした。

みつろう　近似ではないということは、全部がどこに行くかがわかるのですね。

保江　そうです。近似ではないということは、正確に方程式を解くということです。これは、シュレーディンガーだからできたことです。

ボルンはまだ、駆け出しでしたからね。今、量子力学を学んでそれを応用しようという人には、シュレーディンガー方程式は解けません。

でもボーアにせっつかれて、ボルンはどうしたかというと、近似的に解いたのです。

これは、数学者も物理学者もよくやることです。難しくて解けない方程式は、いろんな条件を突っ込んで、余分な難しいところは無視し、簡単にして解いてこれが答えに近いだろうと推測する。それを、近似的なやり方といいます。

物理学はほとんど近似です。方程式では解けないことが多いですから。

そこで、ボルンがやった近似を説明します。

自由電子の波がきますが、ここで何があるかは自分には解けないから、とりあえず放っておく。でも実験によると、散乱されていろんなところに飛んでいく電子も、自由電子で一つの運動量を持って飛んでくるわけだから、普通の波が行っていると考えられる。

わかっているのは、自由電子の波がやってきて、何かが起きて、そっちに行く波がこのぐらいで、あっちに行く波がこのぐらいになる。

それぞれをつなげればいいのだろうが、数学的にきちんと計算する力はない。

そこで、シュレーディンガー方程式を細やかに解いてきちんとした解を出すというのはやめて、近似的に、この初期条件から何かが起きて、この電子がいろんな方向に自由電子として飛んでいくという可能性を計算し始めたのです。

みつろう　それが、確率解釈ですか？

保江　そう、確率解釈です。それで、初期条件から終期条件の間に状態が遷移するといい出したのです。

その間で何があろうと、凡人物理学者には具体的にはわからない。天才ならわかるかもしれないし、波動方程式なり掛け算の順番が変わったらひっくり返るような得体のしれないものがあるかもしれないけれど、どうせ見えないしわからないのだと。

実験で、様々なエネルギーと運動量で電子を打ち込んだ場合、結果は普通の数になります。

自分たちにはどうせ見えないのなら、ここはブラックボックスでいいと思ったわけですね。本当の天才でなければ、そういう発想に至りがちなのです。

物理学では、状態が遷移する割合を計算して出してやればいいだろうとなるわけです。そこで、遷移確率という言葉を出しました。量子力学が導き出すのは、初期条件と終期条件の間の遷移確率です。

みつろう　電子の方向と位置と、運動量で出すのですか？

保江　位置は不要です。

みつろう　どこに飛んでいくかという終期条件を与えるわけですね。

保江　どの方向に、どのぐらいのエネルギーで飛んでいくかですね。
それで観測したら、どれだけのエネルギーで、こっちの方向にこれだけ飛んできたという結果が出ます。

みつろう　10発飛ばして3発当てるというような方法ですか？

保江　いいえ、1発ずつ撃ちます。1発撃ったときに、その1発はどのくらいの運動量とエネルギーで来ているかがわかります。

みつろう　量子力学では、1発撃つごとに違うところに行くのでしたか？

保江　そうです。

みつろう　古典力学では、もし僕がボウリングの玉を同じ力で投げたら、毎回同じところに行く、それは絶対に変わりませんよね。

量子力学の不思議な点は、毎回同じ力で投げていても、なぜか違うところに飛んでいく点です。

保江　答えが違いますね。

それで、そこに初めて確率という言葉が出てきて、確率解釈が生まれました。

でも元々のボルンの確率解釈は、電子が原子核にぶつかってどの方向にいくかを実験していたラザフォードがいて、それを量子力学的に説明するために、電子の波が出てきたのです。

そして、その波が具体的に相互作用するという方程式は、書くことはできますが難しくて解けませんでした。シュレーディンガーくらいの天才でないと、解けなかったのです。

そこで、普通の物理学者にとっては難しすぎるから、できるだけ方程式を簡単にして手を抜きました。

そうすると、連続的にこの波がこう行ってこうなったという答えは出ません。なぜならそれを出すためには、シュレーディンガー方程式を解かなくてはいけないからです。

ですから、実験においては、ある方向から来たものが必ずどれかの答えになっているはずなので、両者をつなぐ可能性についてシュレーディンガー方程式を元に計算すればいいのだろうと思ったわけです。

ボルンがシュレーディンガー方程式を解くのに当たって、今ではボルン近似という名前になった手抜きをしたのです。手抜きというのはつまり、相互作用をそんなに重視しないことです。

正確にいうと、いろんな可能性がある。

例えば、クーロン力もなくて……。

みつろう　先生、話の腰を折って申し訳ないのですが、クーロン力というのは何でしょうか？

保江　電気的な力です。

みつろう　電荷の力ですか。

今ここにあるのは、プロトン、陽子ですね。陽子はプラスの電荷を帯びています。そして、電子はマイナスの電荷を帯びています。

保江　つまり、引力です。

みつろう　引っ張り合うわけですね。陽子に陽子を飛ばしたら反発しますが、プラスの陽子にめがけてマイナスの電子を飛ばしているから、クーロン力で引かれるのですね。

保江　そうです。だから、重力ではなくて電気力で曲げられます。

みつろう　陽子に引かれるのが、クーロン力ということでいいですね。

二重スリット実験を、世界で初めて電子で行ったのは日本人だった

保江 そうです。ボルンは、混沌としたところまで数式で解くのは無理だと判断しました。もし本当の波だったとしたら、岩に当たってザバンと引いて、また何度も当たったりするでしょう。

だから本当は、1度当たって跳ね返る波、当たって跳ね返ってまた来て当たっていく波、それを3回繰り返す波、4回繰り返す波というように、全部考慮しなくてはいけないのです。

みつろう 無限にあるじゃないですか。

保江 そうなのです。とてもそれはできませんから、ボルンは1回だけと限定しました。波というのは、原子核、陽子に当たったときには、1回だけ方向を変えられる。その波がまた戻ってきて当たる二次効果はない、と。

みつろう 押し寄せる波ではなくて、単発の波が来るというイメージですか。

保江　本当は波はずっと来ますが、その相互作用によってまた波が戻ってくるという可能性は無視して、1回だけかすめていくと、そういう近似にしたわけです。

それなら、普通の人でも計算できます。異性についても、1回だけならわりと簡単に手を切れるでしょう。

みつろう　1回だけなら終わらせやすい。

保江　逃げやすい。2回、3回になるとだんだんドロドロの状態になります。

みつろう　じゃあ、異性関係でも、大丈夫なのは1回だけなんですね。

保江　逃げようと思ったら1回だけ、これは鉄則です。ボルン近似と同じです。

みつろう　まさか異性関係と結び付くとは……(笑)。

ボルン近似は批判されなかったのですか？　一般的に見て、インチキのような……。

保江　インチキなのですが、実験結果をかなり再現しました。

みつろう　近似でも再現できたのですね。

保江　これは1次近似というのですが、だいたい物理学の世界では1次近似で終わっています。
2次近似になると、つまり1回ぶつかったのが戻ってきてまたぶつかるというのを考慮し始めたら、きりがないのです。

みつろう　永遠にやらないといけないですものね。

保江　そうです。本当は無限次、無限回ループでやる必要がありますが、それは無理です。
ですから1回で終わりにして、それをボルン近似といったのです。でも答えは見事に合ったわけです。

みつろう　見事にですか？　近いくらいではなくて。

保江　かなりいいところにいくのです。特に水素原子のようにプロトン1個の場合は、見事に当たりました。

みつろう　じゃあ、僕がボウリングの玉を投げてどこに行くかが、けっこう当たるようになったのですか、このボルン近似で。僕がボウリングを同じ強さで投げ続けたら、80％がこっちで、20％がこっちといえるようになったのですね。

保江　そう、それがいえるようになりました。そうしたら、実験をやっていた人たちも、ボルン近似はいいと納得するわけです。

みつろう　実験結果と合うと。ラザフォード先生というのは、実験物理屋さんですか。

保江　古典物理学の頃は、物理学者は理論も実験もどちらもやっていました。

みつろう　今の物理学は、理論物理と実験物理とに分かれていますね。

保江　そう、分業しています。

みつろう　理論屋と実験屋は完全に分かれている。でも、当時は自分で実験をしながら理論も立てていた。

保江　そう、自分でやるしかなかったので。

みつろう　そもそも、古典物理学では、ボウリングの球を毎回同じ速度で投げたら、同じ所に行きますね。

　でも、原子核に向かって同じ強さで撃ってもなぜか毎回違うということには、もっと前に気づいていなかったのでしょうか？

保江　いえ、当時の技術では一度に1個の電子や素粒子を撃つことができず、大量の電子が出てしまっていたのです。だから、大量の電子があっちこっちに行き、二重スリットの実験のようなパターンが出ていたわけです。

みつろう　その実験はたしか、こっち側に写真乾板というのがあって、感光による濃淡の縞模様が現れるので、電子が来たのがわかるのですよね。

保江　そうです。今はセンサーがあるから電子がどこに来たかすぐにわかりますが、当時は、写真乾板とか蛍光板を使うしかありませんでした。

みつろう　露光しておくのですね。

保江　面で置いておいて、電子がどういう方向に来たかを、後に現像して確認するのです。

みつろう　露光板を置いておいて、何個も撃つわけですね。

保江　何個という単位ではありません。当時は、一時にどっとしか出せなかったのです。
今だって、1個ずつなんてとても出せないのですよ。

みつろう　そうなのですか。二重スリット実験の頃は、1個ずつ出していたと思っていました。

保江　とても無理です。それは、世界で初めて実際に電子の二重スリット実験を行った外村彰（＊1942年〜2012年。日本の物理学者、工学者）さんにも聞きました。

みつろう　世界で初めてやったのが日本人だったとは、とてもいいことを聞きました。覚えておきます。外村先生から直接話をお聞きになったとは、すごいですね。

今、僕が最も関心のある実験は、二重スリット実験です。世界で一番不思議な実験だと思っています。

保江　その実験に、世界で初めて実際に電子を使ったのが、外村さんです。

東大を出て、ずっと日立製作所基礎研究所で電子顕微鏡の研究をしていた人です。

みつろう　もうお亡くなりになったそうですが、先生は実際に親交があったのですね。

保江　はい、僕よりも少しだけ年上で、研究会でもよく会っていました。

彼は腰が悪かったのです。その治療のために、僕が岡山大学医学部の先生を日立の研究所まで連れて行ったこともありました。

みつろう　茨城の日立まで……、遠かったですね。

保江　そのときは茨城ではなく、埼玉の基礎研究所におられました。外村さんはそこの実験設備で二重スリット実験をやったのです。

電子で実現させる技術は長い間なかったから、それまではずっと思考実験でした。

みつろう　原子なら撃ちやすいですか？

保江　いいえ、原子はもっと撃ちにくいです。電子はわりと簡単です。

みつろう　最後は、フローレン60まで撃っていますよね。

保江　今はもう少し大きい、ウイルスほどのものまで撃っています。

みつろう　保江先生が、初めて二重スリット実験を行った外村先生とも親交があることに驚きました。

保江　彼は、胃がんから膵臓がんになって亡くなられたのですが、生前、具合が悪くて動けない彼に僕が無理やり、業捨（ごうしゃ）を受けさせたのです。

広島に、業捨という治療をなさる施術士がいて、その治療法はTシャツの上から指の腹で患者の体を擦る（こす）だけというものです。激痛が走るのですが、すごく効果があるのですね。

みつろう　擦るだけでも痛いのですか。

保江　その先生がやるとね。それでとても元気になって、すでに胃を全摘しているのに、業捨を受けた直後には寿司を食べたいといったりね。僕は、とても親しかったのです。

そして彼は、最後の国際会議を日立のその基礎研究所できちんとやってから、惜しまれつつ亡くなられました（詳細は『業捨は空海の癒やし　法力による奇跡の治癒』〈明窓出版〉参照）。

みつろう　量子力学が好きな人たちというのは、とにかく二重スリット実験が好きですからね。

保江　光子、すなわちフォトンについての二重スリット実験も、世界で初めてやったのは日本人でした。

みつろう　先ほどの外村さんとは違う方ですね。

保江　はい。土屋裕さんといって、浜松ホトニクスに勤務していた方です。

浜松ホトニクス、通称、浜ホトというのは、カミオカンデの光電管を作った会社ですね。

小柴昌俊（＊1926年～2020年。日本の物理学者。ノーベル物理学賞受賞）先生が浜ホトの社長に、「予算がついたら払うから」といってカミオカンデの光電管を作らせたのですが、結局、予算はつかなかったようです。

社長は、叩き上げのエンジニア上がりなので、実際にそれをきちんと設計したのは土屋さんで、中央研究所の所長になりました。

昔から使われている光、ランプの光とかレーザー光線とかどんな光ででも実験はできるのですが、フォトンは1個ではない、たくさんのフォトンが流れています。

でも、それでは二重スリット実験になりません。

電子でやる仮想実験、思考実験では1個ですから、できるだけそれに近づけるには、1個のフォトンを飛ばして1個のフォトンをディテクト（探知）する必要があります。

その技術はずっとなかったわけですが、浜松ホトニクスの土屋さんがついに実現して、論文も書き、それも世界で最初の論文として大きく取り上げられました。もちろん、答えは同じです。

みつろう　今では、フォトンは1個ずつ飛ばせるのですね。

保江　今ではできます。ポン、ポン、ポン……と飛ばしてだんだん溜まっていくと波になり、縞模様になっているということを、世界で初めて、まずは光で実験しました。

普通は、フォトン1個が来て反応するディテクター、つまりセンサーはありません。2、3個行って初めて電気が流れます。CCD（＊Charge Coupled Devices 電荷結合素子）カメラなどがそうです。

みつろう　フォトン1個を検出するのは、難しいのですね。フォトンとエレクトロンはどちらが大きいのですか？

保江　正確にいうと、エレクトロンのほうが大きいです。

みつろう　電子のほうが大きい。では、そちらのほうがまだ扱いやすいですか。

保江　ただ、電荷を持っているから、ディテクターに当てるのが難しいです。フォトンには電荷はないから何にでも当たるので、センサーとしての原子にぶつけやすくディテクトしやすい。

みつろう　大きさの問題だけではない。そこには、クーロン力が関係してくるのですね。

保江　結局、邪魔なのはクーロン力ですね。フォトンの場合も、1個のフォトンを出すという技術が難しかった。すぐにたくさん出てしまいますから。

電子でも、1個だけ撃つのはいまだに無理なのです。

みつろう　無理なのですか。でも、フォトンのほうは、今はできるようになったのですね。

保江　フォトンは、かろうじてできています。でも、電子は今でも数個単位で撃っているのです。

みつろう　数個というと、10個以下ではあるのですね。

保江　いや、それもわからないのです。外村さんも、苦労されていました。

みつろう　でしたら、当時なんて全然話にならない状態だったのではないですか。

保江　当時はもう、10の23乗個ぐらい撃っていたと思います。アボガドロ（＊物質量1モルに含まれる粒子〈原子、分子等〉の数）数個ぐらい送り込んでいました。

みつろう　10の23乗個というと、兆とか京とかで足りる単位ではないですね。

保江　当時の実験というのは、電子銃だろうが光源だろうが、むちゃくちゃな数を打ち込んでいました。

みつろう　では、1個ずつ露光できたというのは最近の話ですね。

保江　今は、1個ずつというよりは数個ずつです。検出は、1個ずつできるのですが。
当時は、1個来たらこうなるだろうという思考実験でした。

みつろう　原子核にボウリングの玉を投げるときは、毎回同じエネルギーで出しているつもりでやるのですよね。そこに初めて気づいたのは、ラザフォードさんですか。

保江　いや、違います。ラザフォードは、単に原子の構造を見たかっただけです。
当時、原子の構造にはいろんな説があって、真ん中に芯があって周りは柔らかいとか、あるいは周りに固いものがあって中が空洞だとかいわれていました。
見えないわけですから様々なモデルが出されていたのですが、実際に見てやろうということになって、原子に電子をぶつけてみたわけです。

みつろう　ぶつけて何かが起こることで、元の状況も推察できると。

保江　つまり、固いものが真ん中にあるのかとか、空洞なのかとか。

その実験で、どうやって電子が曲がってくるのかというのは、当時の電子銃は電子が大量に出るから、ルミネッセンス（＊物質が外からのエネルギーを吸収して、発熱を伴わずに発光する現象）などでどっちに来ているかがすぐに見えるわけです。

みつろう　センサーでということですか。

保江　センサーは必要ありません。電子が曲がって見えますから。

例えば、全体を真空容器にしておいて電子を撃つ。他には、フィルムを置いて電子が露光するような乾板とか、できることは全部やったわけです。

今でも、オブジェであるでしょう。一方の電極から電子が出ているものが。

あれは、完全真空ではなくて、真空にしてから少し希ガスを入れておくのです。

すると、希ガスの中を電子が大量にばーっと飛びますから、その途中で浮いている希ガスの原子の中の電子を励起させ、エネルギーが落ちてくるときにそれが発光するので、光として筋が見えるわけです。

みつろう　触ったら反対側にバチバチッとくるやつですか。

保江　当時はあんなものだったのですよ。

ラザフォードの散乱実験のようなものはもう少し危険なので、完全に真空にしておかなくてはいけないのですが。これは、ガラスを使うものではありません。

みつろう　では、直接は見えないのですね。

保江　そうです。乾板を置いておいて、そこに写った状態により、どうなったかを見るのです。

ボルン近似が、非常にその結果をうまく表していましたね。

結局、量子力学というのは、これから様々なことに応用していくにあたって、初期条件と観測結果は普通の数で表されているのです。

その途中では、波動力学やら行列力学、それを統合した量子力学やらと小難しいことをいっていますが、結局は何をする道具なのかというと、

「初期条件がどういう確率で、観測結果である終期条件に遷移するかを導く道具なのだ」とボルンはいったわけです。

しかも、そのときに自分の説は1次近似で本当は自慢できるようなものではないのに、自慢しました。実験でもうまく説明できたからです。

「量子力学は、そもそもこういう風に使うものなんだ」と、道具にしてしまったのです。

それで、確率解釈というものが生まれました。小難しい数学は得意な人に任せて、自分たちは簡単にそれを使って実験結果を説明して、物理学の世界を広げようというスタンスになったのです。

そうしたらボーアは、よくぞやってくれたと喜びました。

ところが、その頃はすでに、いろんな人が疑問を抱き、様々なことをいうようになっていました。

例えば、掛け算の順番を変えたら違うような電子の運動量だったのに、いつ普通の運動量の数値になったのかとか。

みつろう　切り替わる瞬間はいつなのかということですね。

保江　ここは論じないといっても、それではちょっと通用しません。

みつろう　ばれたんですね、インチキしているのが。

保江　その確率でしかいえなかったですからね。

ただそうすると、いったいいつ、どのような理由でどのようにして、普通の掛け算のルールにそぐわない量子についての様々な物理量が、実際の普通の数で表される観測値になるのかといわれてしまいました。もっともな意見ですよね。

みつろう　僕たち素人でも知りたいです。何が起こっているのか。

保江　それが、コペンハーゲンのボーア一派にぶつけられたのです。

そこでボーアは、苦し紛れだったと思いますが、ちょうどそのタイミングでボルンが確率解釈を出して、状態が遷移するといったので、それに乗っかって量子力学の世界では状態の遷移が起きるんだといったのです。

例えば、今の散乱の話で、最初は電子がある向きである大きさの運動量を持った状態であった。観測したら、違う向きに違う運動量を持った状態だった。

ということは、電子の運動量という物理量を、最初はこっちを向いていたものが、量子力学の世界で何かが起きて、それを観測してみたら方向も違うし大きさも違うものになったと。

それは、物理量を観測したことによって、それまでは不思議な掛け算のルールに従っていた電子の運動量というものが、あるきちっとした値を持つ普通の物理量になるということです。

これを、ボーア及びボーア一派がいい始めたわけです。それで、そのことについて、こういう表現をしました。

ディラックのクォンタムナンバー（量子数）でもいいし行列でもいいが、電子のおかしな状態というのがあって、我々は実験で状態を見ているが、状態そのものは見られない。

つまり、波動関数自体は、波は見られない。でも測定することで、電子の運動量、物理量は測定できる。

そして、その物理量はその状態に固有のものだと。

みつろう　状態に固有のものが運動量だと。

保江　運動量が、ある向きである大きさという状態があり、それを運動量の固有状態とする。

じつは固有状態というのはたくさんあって、それらの運動量がそれぞれ違う方向に向いている。

実験の設定により、ある電子の運動量の固有状態から始まって、実験結果によって電子の運動量のこの固有状態にたまたまなったとしたら、電子についての運動量という物理量は、初期条件ではこちらの方向の固有状態になっていたけれども、相互作用によってわからなくなってくる。

どの固有状態かわからないし、固有状態でないかもしれない。でも実験結果を観測すると、この固有状態になった。ということは、電子の物理量は測定をしたときに一つの固有状態に落ち着く。

そういう考察を出したわけです。これが、観測問題の発生の一端なのです。ボーアが、こういういい逃れをしたために始まりました。

みつろう　観測という行為が、固有状態を決めるというわけですか？

保江　固有状態の一つに、落ち着かせるということです。

みつろう　収縮させるようなものですか？

保江　それを、収縮といったのです。

みつろう　観測というものによって、可能性の無限が収縮して、固有の状態に落ち着くと。

保江　それまでは、原子核との相互作用によって、最初はこの固有状態があり、その電子は、相互作用することによっていろんな可能性の重ね合わせになっていた。

でもその重ね合わせのままでは終わらず、観測があったときに、その可能性の中の一つの、例えば運動量というものを測定している実験であれば、運動量のどれかの固有状態の一つに落ち着く。

これを、観測と呼んだわけですね。それは毎回、どれに落ち着くかはわかりません。

けれども、ボルンの確率解釈で計算して、ある固有状態からある相互作用によってどの固有状態に落ちる確率がどれだけかということは計算できます。

みつろう　何％だと出るわけですね。

保江　そうです。ですからコペンハーゲン一派はそれでいくしかないと決めて、そう主張し始めました。

それがコペンハーゲン解釈、いわゆる確率解釈というものです。

みつろう　コペンハーゲン解釈と確率解釈は、一緒のものなのですね。

ハンガリーの貴族、天才数学者フォン・ノイマンが物申す

保江　ただし、ボルンが確率解釈をしたときには、観測とか測定で結果が変わるという発想は微塵もありませんでした。

最初はそんなものは関係なく、方向と割合が決まるという程度だったのに、世の中の物理学者の裾野が広がって、クオンタムナンバー、つまり、行列で小難しい数学概念だった電子の運動量というものが、測定したらなぜ普通の運動量の数値で出てくるのか、いったいいつ変わるのかという疑問が出てきました。

そこで、それを乗り切るために方便として出したのが、測定するという行為によってどれかに落

ち着くという考え方です。

その頃にちょうどボルンが、ボルン近似の散乱の状態の遷移確率について発表していたので、ボーアはそれに乗っかりました。

つまり、量子についての物理量を測定したときに、本来は掛け算の順番を変えたら結果が変わるものなのに、実際に実験、測定したら普通の物理量に落ち着くのは、状態の間の遷移のせいである。その遷移確率は量子力学で計算ができ、それが量子力学の役割だといったのです。

みつろう　それが、コペンハーゲン解釈ですね。

保江　はい、確率解釈です。観測ということは、当たり前ですが観測者がいるわけです。ボーアが音頭を取る形で、コペンハーゲン一派がこれをいい始めました。すると、他の物理学者たちも黙らざるを得なかったわけです。

それだけなら、観測問題にはなりませんでした。逆にスッキリしているよとみんな認めました。

ところがここに、疑問を呈した人がいたのです。

超有名な有力者で、フォン・ノイマン（＊1903年～1957年。ハンガリー出身のアメリカ合衆国の数学者）という数学者です。
この人は天才で、しかもハンガリーの貴族の息子というエリートでした。あまりにも頭が良すぎるので、お父さんが学校に行かせずに家庭教師をつけて英才教育を施したという人です。
彼は少年のときに、大人の物理学者たちがいろんな分野で未解決の問題を抱えていたうちの一つを解いてしまったほどの天才だったのです。
原爆開発をしたのも彼です。その他にも、コンピューターのプログラム方式も開発しました。

みつろう　最初のコンピューターですね。
先生から見て、シュレーディンガーとどちらがより天才ですか。

保江　フォン・ノイマンは論理の組み上げのみの、いわゆる理屈屋の左脳型天才で、シュレーディンガーは直感の右脳型天才ですね。
そのフォン・ノイマンが出てきて、異議を唱えたのです。

みつろう　ボーアに文句をいえる数少ない人ですね。

ボーアとは年齢が離れていて、かなり若い人でしたよね。


保江　元々、ボーアの主張には無理があります。

そこで、本当にボーアの主張どおりになるかどうかを自分が計算してみるといい出しました。

観測装置といえども、原子分子でできている。例えば、電子の運動量を測定する観測装置で、最初にその電子と接触して、相互作用させて観測値を得ます。そのきっかけとなる部分も、原子分子です。

みつろう　この世界は原子分子でできているわけですから、当然ですよね。

保江　この両方を合わせて、その量子力学の記述を、数学者である彼はきちっと書くわけです。

それには、全体としての状態を知らないと測定結果を引き出せません。

つまり、測定装置のごく先端部分のものと測定される電子を含めたものを、残りの測定装置の部分で測定するときには、やはりそれらも原子分子でできているわけですから、どんどんつなげていくとしても、やはりこの方程式では結局、決まらないということになりました。

そう考えていくと、測定装置の次には、測定装置の画面から光が出てきて、それを見る人間の網膜に入っていく。

人間も原子や分子でできているということは、目の網膜ももちろんそうであり、そこから脳神経にいきますが、脳だって原子分子でできている。

どこまでいっても被測定系と測定系、つまり測定される側と測定する側の境界線は引けないわけです。

ですから数学的には、その波動関数の固有状態のどれか一つに落ち着く、ということにはならないだろうと文句をつけたわけです。

天才数学者フォン・ノイマンがそんなことをいい出したから、誰も反論できず実際にそのとおりだとうなずくばかりでした。

みつろう　一般人の僕が考えても、今の話はわかります。それって、量子力学の一番不思議なポイントなんですよね。

観測するものがあって、観測の結果に収縮するとボーアはいいました。弾が飛んできて何かが起こり、観測というものが結果を決めますと主張してしまいました。

するとフォン・ノイマンが、飛んできたものを人が観測する前にまずセンサーがあり、センサーの先端部分にも原子分子の塊があるといい出しました。

そもそも境界線がないから、観測するものと観測されるものの非対称性もないですよね。どっちが観測されるものでどっちが観測するもので、それが何なのか、どこからなのかという線が引けなかったわけですね。

保江　引けなかったのです。それで疑問を呈したけれど、誰も答えられなかったわけです。

みつろう　すごく真っ当なことをいったのですね、フォン・ノイマンは。

保江　でも、フォン・ノイマンがいうまでは、物理学者の世界では偉い学者がいったことだからと認めていたのです。

みつろう　物理学界は普通と違うのでしょうか。

保江　確かに物理学者が観測しているんだからと、ほぼみんな思考停止状態に陥(おちい)っていたのです。

みつろう　思考停止ですね。少し考えればすぐにわかることなのに。

保江　そこに、学校にも行っていない、超天才少年から天才数学者に成長したフォン・ノイマンが出てきて……。

みつろう　「あなたたちはおかしいよ。連続した観測に、どこで境界を引いたんだ」といったのですね。

保江　そうした疑問を呈するだけならまだよかったのですが、フォン・ノイマンは急激に量子力学に興味を持っていきました。

それで、ドイツ語で『量子力学の数学的基礎』（みすず書房）という、非の打ち所がない本を書きます。ディラックが波動力学と行列力学をまとめて統合的にした教科書が、いかに曖昧なものかがわかるくらい、数学的には完璧に成立した、どこにも矛盾がないものでした。

数学者が見ても、すごいと唸るほどの本だったのです。

僕も、大学院生の頃に分厚いその本を買って読んで、感動しました。

みつろう　先生は、一番好きなのはディラックの本だとおっしゃっていたじゃないですか。

保江　物理学の大学院生や学生が読むには、ディラックの本。でも学者、特に数学的曖昧さを嫌う理論物理学者には、フォン・ノイマンの本ですね。

みつろう　計算もちゃんとできる人たちには、フォン・ノイマンの本がお薦めということですか。

保江　計算というよりは、論理思考ですね。そういう人たちを特に、数理物理学者といいます。

じつは、理論物理学者でも数学の論理思考が得意ではない人は意外と多いのです。

本当は僕は、数理物理学を目指していたので、学生、大学院生の頃はディラックの本で、学者になってからはフォン・ノイマンの『量子力学の数学的基礎』を参考にしました。

今でも、物理学の初学者には、量子力学の本としてはディラックの本を薦めます。なぜなら、最初からフォン・ノイマンの本を読ませたら、頭がパンクするからです。

その本の中で、完璧な量子力学の枠組みから始まって全てを解説した最後に、観測問題について書かれている部分があります。

本の最初には、「どこまでも観測者と被観測者、対象物の境目を設けられないので、いつまで経ってもこういう状態への収縮遷移が起きないことが問題だ」とあります。本を書き始めたときは、観測問題を提起しただけだったのです。

しかし、本の最後にはそれを解決したと書いてあるのです。

そこが彼は天才なのですね。本当に数学者なのか、と思うような解決の仕方でした。

人間の脳というのは境界がないが、どこかに境界を作らないと状態の遷移は起きません。

そこで、フォン・ノイマンは脳の背後に抽象的自我、アブストラクトエゴというものがあるといったのです。

みつろう　人間の脳の裏にですか。

保江　物理的に裏なのかどうか、場所はわかりませんが、とにかく我々の思考の背後に抽象的自我という存在があると。

それが最終的な観測者で、その直前までの、人間を含めたものが観測される側だとしたのです。

みつろう　アブストラクトエゴと観測される側の間に、物理的つながりはないと考えたわけですね。

保江　自然界の中にその実態があるかないかについては、論じていないわけです。

みつろう　なんだかインチキくさいですね。

保江　まあ、早い話がインチキですよ。

みつろう　守護霊と考えてもいいのでしょうね。

保江　それでもいいです。

みつろう　マンハッタン計画にも参加した超天才が、守護霊とかいい出した。

保江　コンピューターを生み出した天才が、なにやらスピリチュアル的なことをいわざるを得ないぐらい、この観測問題というのは解けないわけです。

解いたとフォン・ノイマンはいっているし、教科書にもそう書いてありますが、解いたことにはなっていないと僕は思いました。

みつろう　みんなそう思います。だって、突然、抽象的自我といわれても……。

保江　そこがフォン・ノイマンという名前の偉大さですよ。

みつろう　みんなは納得したのですか。

保江　もちろんです。

みつろう　ボーアもですか。

保江　もちろんそうです。フォン・ノイマンが超天才だからですよ。

数学のヒルベルト空間論とか作用素論、作用素というのは、掛け算をするのに数字の順番を変えたら答えが違うというのをもっと発展させたもののことですが、作用素論まで作り上げた、数学界のみならずコンピューター情報科学界、物理学界のヒーローですよ。
その人が、そんなことを『量子力学の数学的基礎』という本の中で書いたわけです。
しかも、普通の物理学者はその本が難しすぎて理解できない。

みつろう　物理学者でも理解できないとは……。

保江　もちろん、最新の数学で、本当にすごいことなのです。その本の後ろのほうに、観測問題はアブストラクトエゴが起こすと書いてあって、普通の人は途中の難しい数学のところはわからないから、最後にそう書いてあったことで、ああそうかと納得してしまった。
結局、それで観測問題は解決したと、みんな思ったわけです。

みつろう　物理学界の皆さんの答えが、守護霊で終わっていていいのですか。

保江　でも、そこで終わっているのですね。
そして、数学の大家がアブストラクトエゴ、抽象的自我といったところがポイントなのです。

なんとなく高尚そうですし。

みつろう　具体的には説明できないものですし。村上和雄先生のサムシンググレートみたいなものですね。何かわからないけれども、サムシンググレートなるもの、と。

保江　あれも、サムシンググレートというから疑う人が出てきたわけだから、アブストラクトグレートといえばよかったのかもしれない。

みつろう　抽象的な、といえばいいということですね。突っ込んだ説明をさせないようにするわけですか。

保江　そうです。

みつろう　でも、僕のような素人でも、実際につながりはどうなっているんだろうと思いますけれども。

保江　それでもみんな黙ったし、物理学者たちはとりあえず無益な議論はこれで終わったと安心しました。せっかくフォン・ノイマン先生が助け舟を出してくれたわけだから。

みつろう　アインシュタインも納得しましたか。

保江　しませんでしたが、とにかくこれで手を打ってくれとなったのです。

みつろう　手打ちですか。

数学者は手打ちが得意――無限に関する問題の結末

保江　じつは数学者は、手打ちが得意なのです。

こんな話があります。無限と聞くと、一般人は無限というものが1個あるだけだと思っていますが、そんなことはありません。数学者が調べると、無限が無限種類あるのです。

ある種類の前に出てきている無限と、無限が無限種類あるというその無限はまた違います。

みつろう　数学で定めていることなのですか。

保江　そうです。一番我々に身近な無限は、1、2、3、4、5と数えていった先のところにありそうな無限。これを数学者は、可算無限といいます。ほとんどの例が、この加算無限です。

例えば、「自然数は何個あるか？」といったら可算無限個なわけです。

では整数は、1、2、3、4、5だけではなくて、0も、マイナス1、マイナス2、マイナス3もある。これは全部でいくつあるかというと、やはり可算無限個しかありません。

可算無限の倍あるように思えるけれども、じつは同じ加算無限個です。

みつろう　それは本当に不思議ですよね。プラス方向の無限とマイナス方向の無限があるから2倍だと考えますが、無限は無限で変わらず可算無限。

保江　次に0．1とか4／3とか、分数や有限個の小数で表される有理数。たくさんありそうに見えますが、これも可算無限しかないということが証明されました。

初めて可算無限よりも多いと証明されたのが、無理数です。

そして、実数というのは無理数と有理数ですから、無理数というのは円周率みたいなものです。

みつろう　どこまでも続くのですね。

保江　それから有理数というのは、有限個の小数点以下有限個までの分数で書けるものです。その有理数と無理数の両方を集めたものが実数です。実数と無理数の数は同じで、どちらも可算無限より多い。

その実数の数を表す無限大を、連続無限といいます。なぜかというと、あるところを起点にして一直線上に距離を実数で書けるでしょう。1メートルとか1コンマ何メートルとか。

すると、直線上の連続した全ての点を実数で表すことができます。

つまり、連続した直線上にある点の数が無限で、それらが連続しているから連続無限という名前がつきました。

数学者というのは変わった人種で、こういうときに、「1、2、3と数えていった可算無限と、ベタッとある連続無限の間に位置する加算無限より大きい無限で、連続無限よりは小さい無限はあるのだろうか」と考えるのです。

みつろう　暇なのですね。

保江　数学者というのは暇なのです。昔から、天才的数学者が何人もそれを研究して、みんなそれで人生を潰しています。

本当にすごい天才が現れてはその問題に挑んで、気が狂ったりして、解けないまま死ぬのです。

みつろう　可算無限と連続無限の間にある無限が存在する……、五里霧中な感じですね。

保江　あるならどんなものなのか。もしあるなら何種類か、あるいはないのか。

みつろう　これは、ＡＢＣ予想よりも有名な問題ですか。

保江　もっと有名です。

みつろう　知りませんでした。フェルマー定理よりも難しいのですか。

保江　そんなものは、まだ証明できる可能性がありますからね。

みつろう　では、全然可能性がないレベルの問題なのですね。

保江　だから、どんな努力をしても全部ダメでした。

それで、このままでは、おおぜいの若い数学者が人生を狂わされてしまうと危惧したゲーデルというロシアの天才数学者が、ついにあることを証明しました。

この人がまたすごい天才で、完全性定理、不完全性定理で有名になった人で、僕は大好きです。

彼は数学的に何を証明したかというと、可算無限よりも大きく、連続無限よりも小さい無限があってもなくても、今の数学体系に何の影響も与えないということを証明したのです。

みつろう　素人にしたら当たり前としか思えないのですが。

保江　とはいえ、その証明は難しいのです。

とにかくその結果わかったのは、「もはやどうでもいい」ということです。

でも、それではなんとなく落ち着かないので、数学界はみんなで、「どっちでもいいのであれば、ないことにしよう」ということで手を打つことにしました。たとえあったとしても、何の変更もいらないわけですから。

数学的本質に何の影響もないのだから、ないことにしておいたほうがスッキリする、ということで、可算無限の次に大きい無限は連続無限だということにしたわけです。

みつろう　間には何もないという。

保江　それを、連続体仮説といいます。

それ以降、若い数学者は、見つけてやろうなどという馬鹿なことをしなくなりました。

みつろう　よかったですね。

保江　それと同じで、無駄にくだらない議論で物理学者の命を削るのはやめよう、せっかくアブストラクトエゴがあるわけなのだから……ということで、この観測問題についての議論は御法度にしようよという気運が高まりました。そこにちょうど、第二次世界大戦が始まって……。

みつろう　そんなことをやっている場合じゃなくなった。

保江　それで、なんとなくもう、解決したということになりました。本当は解決にはなっていないということは、みんなわかっているのですが。

みつろう　観測問題は、ここでいったん解決を見たと。

保江　表面上だけ、解決したということにしたのです。社会情勢もとんでもなかったですし。

みつろう　原爆を作るほうへシフトしたのですね。

保江　それでもやはり、納得しない人たちがいたのです。そういう人たちが、戦争が終わってから発言し始めました。

ちょうど戦争が始まる直前くらいに、シュレーディンガーもプランクの後継者として、ドイツのベルリン大学の筆頭教授になっていました。

シュレーディンガー方程式を閃いたことだけで、当時の物理学界での世界一のポジションを勝ち得たわけです。
そして、やっと順風満帆な人生になるというときに、ヒトラーが台頭してきました。シュレーディンガーはユダヤ人ではありませんが、ヒトラーのやり方を批判したのです。それがゲシュタポに伝わって命を狙われてしまい、その情報を仲間が伝えてくれました。

みつろう　ベルリン大学にいるとやばいと。

保江　ベルリン大学を追い出されるだけでなく、逮捕されて大変なことになりそうだから逃げたほうがいいといわれました。それで、彼の身の安全を計るために大勢の人が助け舟を出しました。

みつろう　シュレーディンガー先生は、もう有名人でしたからね。

保江　でも、やはりどこに行っても、例えばフランスに行っても結局ドイツに占領されたりして、安全なところはないわけです。

みつろう　ナチスが追いかけてくる。

保江　ヨーロッパにいたら追われます。かといって、アメリカにも行ったらしいのですが、文化があまり合いませんでした。ウパニシャット哲学（＊古代インドの後期のヴェーダ時代の頃にあった文献『ウパニシャッド』にもとづく哲学）までやっているような人でしたから。

みつろう　ヤンキー文化には馴染めなかったのですね。

保江　結局、やはりヨーロッパに留まりたいと考えて、ナチスの影響が一番少ない、つまり一番遠いところにあたるアイルランドにいったのです。

まずはイングランドに隠れていましたが、アイルランドの首都、ダブリンのお金持ちが作ったダブリン高等研究所からぜひ来てくださいと要請されて受け入れました。

その頃は、本当にゲシュタポに捕まりかねなかったので、隠れるようにして出立したのです。一切何も持たずに、妻とその辺に買い物に出るかのような感じで。

みつろう　蒸発したかのように消えたのですね。

保江　荷物を持って行ったらすぐにばれますから。お金も準備できず、でも何とか電車賃と船賃だけは持っていたから電車に乗って、船でダブリンに着き、指定されたホテルに行くタクシーに乗るのですが、そのタクシー代もないわけです。

そこで、タクシーのドアを開けに来たボーイさんに、

「悪いけれどもホテルを出るときにお金を払うから、このタクシー代を払っておいて」といいました。

そして、ボーイさんに案内されてレセプションに行っても、ボーイさんに払うチップがないので、「悪いけれどもチェックアウトのときに払うから」と待ってもらい、結局、無事に逃げのびることができました。

その後、ずっとダブリンの高等研究所にいて、好きに研究をさせてもらえました。

みつろう　ちゃんとお金をもらえたのですね。

保江　もちろんです。でもシュレーディンガーは、好きにさせてもらうだけでは申し訳ない、何かダブリン高等研究所のお役に立ちたいと申し出たのです。

そうしたら研究所を作ったオーナーが、「ではアイルランド、特に首都であるダブリンの市民向

けに定期的に一般講演をして、先生のご研究の内容をわかりやすく説明していただけますか」といいました。

そこで彼は、「わかりました、ぜひやらせてください」と、ときどき一般向け講演をしていたのです。

その中で一番みんなに受けて、その後に本になったのが、『生命とは何か』という講演です。

シュレーディンガーは、「生命とはエントロピー（＊物理学の言葉で、「無秩序の度合い」を示す量のこと）を食べ、ネゲントロピー（＊生命などの系が、エントロピーの増大の法則に逆らうように、エントロピーの低い状態が保たれていることを指す用語）を生み出して、秩序を生み出していくものだ」という視点を初めて見出しました。

それはいわば、ナチスのおかげともいえます。ダブリン高等研究所に行っていなければそんなことを考えたり発表していないですから。

このように、波動力学の創始者であるシュレーディンガーですら、世界情勢に翻弄されて、量子力学のことを考える暇もなかったのです。

特にアインシュタインはユダヤ人でしたから、真っ先にアメリカのプリンストン高等研究所に逃げました。

保江　そんなわけで、シュレーディンガーはその後あまり研究はできず、ダブリンの田舎で一般講演をしていました。一方、アインシュタインはプリンストン高等研究所の教授になって、弟子を何人もつけてもらって、引き続き統一場理論とか様々な研究をさせてもらいました。

そのときの弟子、ローゼン（＊ネイサン・ローゼン。1909年〜1995年。アメリカ出身のイスラエルの物理学者）とポドルスキー（＊ボリス・ポドルスキー。1896年〜1966年。ロシア出身のアメリカの物理学者）という若い物理学者とアインシュタインの三人で研究した内容は、量子力学の観測問題などでした。

統一場理論、重力場と電磁場、一般相対性理論をもっと拡張して統一場でやろうという研究は、別の弟子とやっていました。

みつろう　アインシュタインは、そんなこともしていたのですね。

保江　みつろうさんがおっしゃっている、観測者の思考が状態に影響を及ぼすというのは、じつは二重スリットとか観測問題ではありません。

アインシュタインとポドルスキーとローゼンの頭文字を取ってEPR問題といいます。

遠くアメリカに逃げたアインシュタインは、落ち着いて量子力学の観測問題について考えることができました。

そこで、ボーア率いるコペンハーゲン一派がもうこれで手を打ちましょうといった、フォン・ノイマンの観察することによって状態の遷移が起き、その割合、可能性を示すのが量子力学だという主張に対して、反旗を翻そうと研究をしていたのです。

なかなかそれはうまくいかなかったのですが、アインシュタイン自身ではなく、ローゼンかポドルスキーか、どちらかがついに見つけました。

みつろう　アインシュタインの奥さんに引き続き、これも発見は本人ではないわけですね。

保江　ローゼンとポドルスキーの名前では誰も見てくれないし認めないから、しかたがないです。アインシュタインの名前がトップにきて、アインシュタイン・ポドルスキー・ローゼンで論文を発表しました。
するとやはり量子力学はおかしいのかという風潮がやっと再び起こり始めたのです。

みつろう　１回臭いものに蓋をしたけれど、また開けた。

保江　蓋を閉じて、みんなそのままでいいと考えていたのにね。

戦争中からコツコツ頑張って、ついに戦争明けにＥＰＲとして提示したわけです。

そのＥＰＲ問題を話す前に、まずは二重スリットの説明をしておきましょうか。

みつろう　一般人がとても興味を惹かれるところですね。

巨視的なマクロの世界では起こらないのに、ミクロではこんなことが起きていると唯一いえるのが、二重スリットかなと思うのですが。

保江　じつは、二重スリットの実験だけでは、観測者の意思が結果を引っ張るとまではいえません。

みつろう　そうですね。

保江　二つの状態を遷移させることは確かですが、それはあくまで確率でしか決まらないのです。

みつろう　観測する前は、無限の可能性があるということでいいですか。

保江　無限の可能性がある場合もあれば、有限個の可能性の場合もあります。

みつろう　観測するとそれが決まりますよね。

保江　そうです。けれども観測者は、それをコントロールできません。

我々がこう考えることでこの世界が実現されるということを引っ張り出すには、ＥＰＲしかありません。

みつろう　思考が先にあるのではなくて、見るものと見られるものが同時に生まれているだけだと僕は思っています。世界のどこにおいても、見る私がいたら見られる世界があるし、赤だと思う私の前に赤だと思われるものがあり、甘いと思う私の前に甘いと思われるものがあります。

保江　多世界解釈をしたいのですね。

みつろう　どこでもそれが起こっています。先生の視点でも、今話している男が前にいると思う先生と、話している男がいます。こういう対称性を持ったものが観測者の数だけあると思っています。先に思考があるから世界があるとは思っていないのですが。

保江　よかった、それならいいです。

これは不思議な話なのです。僕はおととい、羽田空港から飛行機に乗って3時間近くかけて沖縄にやってきました。飛行機に乗ると、座席に液晶モニターがあって、最初は飛行機の外の景色を映していました。それを眺めながら富士山が見えるな、などと思っていたのですが、なかなか着かないように思えて、沖縄はこんなに遠かったかな、以前、岡山から飛んだときはあっという間に着いたのに、とうんざりしてしまいました。

みつろう　それは冬の風向きのせいです。帰るときはびっくりするほどすぐに着きますよ。

最近、ヨーロッパ大陸からイギリスに行く飛行機が速さの新記録を出したそうで、理由が上空の偏西風でした。日本にも偏西風が吹いてきますから、影響を受けるのですね。

保江　なるほど。それで、1時間経ってもまだあと2時間かかると画面に出たので、普段、飛行機ではあまり映画などを見ないのですが、しかたがないから何かしら見てみようと思いました。日本語で画面を見ていると日常のままのような気がするので、旅の雰囲気作りとして非日常にしようと、フランス語を選んでみました。僕はスイスにいたから、英語よりフランス語のほうがわかるのです。

テレビプログラムというのがあって、その中に『コスモス』という番組を見つけました。サムネイルが宇宙の映像になっていて、UFOみたいなものが飛んでいるし、SFの番組かなと思って選択してみたところ、それは今まで見たことのなかった科学啓蒙番組でした。

英語圏で作られたもので、解説者がUFOに乗って宇宙を進んでいくのです。

「いったいこの番組は何だろう」と思いながら見ていると、その宇宙船はどんなに小さい世界でも、どんなに大きい世界でも行けるという設定でした。

みつろう　大きくも小さくもなると。

保江　はい。そこでなんと、二重スリット実験の説明をし始めたのです。

「これだ。みつろうさんは、この話をしたいといっていた」と思ってね。

たくさんある機内テレビ番組の中の最後のほうに出てきて、なんとなく選択してみたら二重スリット実験を解説する番組だったわけですよ。

その解説についてはすでに知っているわけですから、消音で見ていましたが、映像での説明はなかなか面白かったです。

みつろう　すごい偶然、シンクロニシティですね。

保江　冒頭では、ヨーロッパの書斎を思わせる暗い実験室に１８００年頃の衣装を着たおじさんが現れます。おじさんは一枚の紙の真ん中に２本のスリットを空け、その奥にもう一枚の紙を立てて、スクリーンにします。そして、２本のスリットの紙の前に、スリット１本を切り抜いた紙を立て、手前に光源を置きます。

当時はランプの時代だから、石油ランプのような照明を持ってきて部屋のランプを消すと、スリット１本を通ったランプの光が、次にスリット２本を通ります。

みつろう　当時のランプでは細い光源を作れなかったから、スリット１本の紙で、光をレーザー光のようにできたということでしょうか。

保江　石油ランプのみだったら、幅が広すぎて干渉が起きないわけです。そこでスリット1本の紙を前に立てたのですね。

　この実験では、スリット2本の紙を通って、スクリーンにできる干渉縞を具体的に見せてくれるのです。石油ランプでやった実験のことは、僕も知りませんでした。

　高校物理などの実験では、0．5ミリほどに近づけた細い二本のスリットを空けて、それにレーザー光線を当て、なんとかやっと干渉縞ができていました。

　一方、その番組では、二重スリットの間は指一本くらいの間が空いていて、普通の石油ランプを一重スリットのすぐ手前に置くと、光が二重スリットを通過して、スクリーンにはだいぶはっきりとした縞模様ができたのです。

みつろう　なぜ、縞になるのですか。

保江　光の干渉です。光は波ですから。

　この実験を初めてしたのがヤング（＊トマス・ヤング。1773年～1829年。イギリスの物理学者）という物理学者で、バネの実験などもした人です。彼が、光の干渉を初めて実験で示しました。

この二重スリット実験は、普通のランプなどの光源でする実験としてはポピュラーなもので、ヤングはこの実験で、光は波なんだといい始めたのです。

みつろう　一つの明かりが二つのスリットを通って、スクリーンに縞模様ができたということは、二つが干渉しているということですよね。

保江　一つのスリットがあって、そこから光が出ますが、光が波ならば波が出ていることになります。その波が、次にある二つのスリットを通るときに、スリットのところしか波が通らないから、右のスリットから出た波と左のスリットから出た波が重なり合うわけです。

みつろう　波と波がぶつかると、その部分の波の見た目が濃くなる。

保江　そういうことです。

みつろう　その干渉跡が、強め合っているところは強め合っているし、弱め合っているところは弱め合うという解釈が一般的です。これは、普通にランプでできるわけですね。

保江　できます。僕も、できるのは知っていましたが、かなり強い光源じゃないとダメだろうと思っていました。それが、ランプでできていたのです。

みつろう　スクリーンには、どんな風に映っていたんですか。

保江　中央部分のほうが明るくて、だんだん周囲に向けて暗くなります。

みつろう　縞だということは、光は波だとヤングはいったわけですね。波以外ではこんな現象は起きませんからね。

保江　ヤングが実験した当時は、光の正体は、ニュートンが提唱した粒子説で説明されていました。

みつろう　最初はニュートンが適当に、光というのは粒だといったんですよね。

保江　そうです。ところが、ヤングがこの二重スリット実験や回折実験をやってみたら、どうも波として説明するほうが簡単だと気づきました。そして、当時のランプでやって結果が出たわけです。

それで、光の二重スリット実験は、光が粒子ではなく波であるということを結論付けた実験だという解釈になり、その後、量子力学が生まれるにあたって、アインシュタインの光量子仮説などが出てきて、やはり光は粒子だという説がいわれるようになりました。

みつろう　最初にいったのはアインシュタインですよね。

保江　プランクはアインシュタインより早かったけれども、彼は単に、物質との相互作用のとき、エネルギーのやり取りをする場合には、ある決まったエネルギーの整数倍でしかできないといっただけです。

そして、それをエネルギー量子と呼んだだけで、光が粒だとか、そんなことは想定していませんでした。それをアインシュタイン、というか、彼の奥さんがいい出したわけです。

みつろう　アインシュタインは、そのときはまだ特許庁にいたのですよね。放課後クラブでワインを飲んでいた。

保江　僕は、アインシュタインたちが放課後クラブをやっていた、ベルンの特許庁の横にあるカフェまで行ったことがあります。こうした、アインシュタインが友達とアカデミーを開いていたような場所は保存されています。

みつろう　アインシュタインは、先生が赤ん坊の頃はまだ生きていましたか。

保江　僕が生まれたのは1951年で、彼がなくなったのは1955年です。日本にも来ましたね。

みつろう　ギリギリで、ちょっと重なっていますね。

保江　その後、量子力学が生まれ、やはり光子はある状態では波だし、ある状態では粒々だろうという話が湧いてきました。

みつろう　また少し、まとめさせてください。
ヤングさんがランプで実験をしてみたところ、縞模様ができたのは波と波の強め合い、打ち消し合いによってである、だから、光子とは波だといいました。でも、アインシュタインが粒だといった理由は、光を真空管の中に入れると光電効果が起きるからです。

保江　波だとすると、光電効果を説明できませんでしたからね。

みつろう　二重スリットと光電効果の実験という、二つの実験が同時にあったわけですよね。

保江　結果としては同時にあります。ですから、波でもあり粒子でもあるんじゃないかといい始めたわけです。

みつろう　おかしな話ですね。

保江　ところが、粒々の光量子、フォトン、つまり光子を使った二重スリット実験はやってはいませんでした。

ランプは大量の光子を出しているので、大量の光子でしか実験をやっていなかったということになります。1個だけの光子が飛んだら、まっすぐに行って、そのままそこに着弾する以外にないはずです。

ですから、1個だけの光子を撃っても、着弾位置が右に振れたり左に振れたりするのかを調べたい、実際に1個、あるいは数個で、この二重スリット実験をやったらどうなるだろうかという意見が出てきました。

量子力学の一番不思議なところは、1個の光量子、1個のフォトン、光子が飛んでも干渉によって着弾位置がぶれるということなのだから、それを実験で確かめるには、できるだけ数少なく撃ちたいわけです。

みつろう　できれば1個の光子ですね。

保江　数個であれば、スリットを通過するときには1個になるという可能性も高いから、数個まで落とせればいい。

それを世界で初めて実現したのが、浜松ホトニクスという光電倍増管とかCCDについては世界一のメーカーです。浜松にあるその会社の中央研究所の所長をされていた土屋裕さんが、世界で初めて光子を数個で飛ばしました。

ご本人にも聞きましたが、数個にするのが限界ではあるが、スリットのところを通過するときは、1個ずつの間隔が空いているはずだということでした。

みつろう　それは、5個を撃ったとして、通過するときには1個になっているということですか。

保江　まず1個目が通過し、2個目が通過し、3個目……、という具合です。本当は1個でやればいいのですが、それは難しい。

でも、その実験結果のデータをもらってびっくりしました。

まず、1回プシュッと撃つでしょう。そしたらどこかにポツンとフォトンが行きます。次に撃つと、またポツンと届く。最初のうちはそれがバラバラで何の規則性もないのですが、そのうちにだんだん集まってきて、本当に干渉縞になるのです。でも、それぞれは点です。

その後、今度は電子で同じ二重スリット実験をやろうということになりました。

電子も波だといい出したのは、フランスの貴族、ド・ブロイです。

みつろう　光が波であれば、電子も波だろうといった人ですね。

保江　だとしたら、電子も二重スリット実験をすれば同じ結果だろうといわれていました。
ところが当時、真空中に電子銃で電子を撃って、電子も波だということを最初に突き止めたのは、ダビソン - ジャーマーの実験で、日本人では菊池正士（せいし）（＊1902年〜1974年。日本の物理学者、理学博士）さんです。

みつろう　ダビソン - ガーマーのことですか。

保江　アメリカ読みはジャーマーで、ドイツ語読みがガーマーだと思います。ダビソン - ジャーマーの実験は、電子線を金の塊、金箔にぶつけるものでした。

みつろう　クリントン・ダビソン（＊1881年〜1958年。アメリカの物理学者。ノーベル物理学賞受賞）とレスター・ガーマー（＊1896年〜1971年。アメリカの物理学者）の二人で、ダビソン - ガーマーでしたよね。

保江　そうです。金の原子がずらっと並んでいる金箔に、電子線を撃ち込みます。この場合、普通に通過してまっすぐに飛ぶはずでした。

みつろう　通常なら通過するわけですね。

保江　金箔は薄いし、強いのをたくさん撃つので、通過するのです。でも、通過してもまっすぐ飛ぶから、反対側でディテクト（探知）して見ると電子線のパターンは似ています。

だから、撃ったらそのまま、まっすぐに飛ぶと思ったのに、金の原子が並んでいるところに波が行くので、そこで干渉を起こして波が落ちます。

それと同じで、本当は干渉ではなくて回折といって、回折縞というパターンができます。

これが最初に電子が波だとされた、ド・ブロイの物質波仮説です。そして、電子は波だと最初に証明したのがこのダビソン - ジャーマーの実験といわれています。

ただこれは、二重スリットではなく、多重スリットです。でもそれも回折して、光も網にぶつけると回折縞ができるので、電子線についてもおそらく、二重スリットのランプでヤングがやった実験を電子でやっても、同じ結果が出るはずだと考えました。

でも、技術としてはできませんでした。そのダビソン - ジャーマーの電子ビームを使っても無理だったのです。

みつろう　何が足りなかったのでしょう。

保江　本当にわずかの電子を飛ばして、二重スリットを通過させて数個の電子をディテクトすることが難しかったのです。

みつろう　観測するのが難しかった。小さすぎて露光しなかったのですね。

レスター・ジャーマー

保江　ダビソン - ジャーマーの実験では大量に撃ち込んでいるから、干渉縞にもなりませんでした。ディテクターの問題なのです。

そこで、光であれば数個をディテクトできる観測装置を、浜ホトが作りました。それを使って、数個のフォトンを一つの光点として捉える装置もできました。

それに飛びついたのが、日立の基礎研究所の外村彰さんです。彼は、電子顕微鏡の大家でした。
電子顕微鏡というのは、真空中に電子を撃って、物の映像を拡大して見えるようにするというものです。普通の光学顕微鏡と違って電子の波で増幅させて見せるもので、プロが操作して電子の波を作っていました。
それで、いつか二重スリット実験をやってみたいと思っていたそうです。
電子をほんの数個撃ち出すのは、電子顕微鏡のプロだから自信はあったし、二重スリットを作る腕のいい技官もいるわけです。日立製作所だから半導体の加工の技術もあり、得意なのです。

みつろう　ナノとかですね。

保江　二重スリットを作り、しかもそれに電荷を持たせていたら電子が跳ね返されるから、電荷を持たないようにしなくてはいけません。単に作ればいいというものではないのですね。

みつろう　中性子でできないのですか。

保江　それは難しいので、普通の金属で電荷を持たせないようにニュートラルにします。俗にいえばアースさせるのですが、こんな微小な電荷も揺らぎも持たせないことにも、また技術が必要なのです。とはいえ日立だから、それも作る自信があります。

でも、一番の問題がディテクターでした。二重スリットを通過した後の電子で、光と同じように1個ずつポツンとつける、そういうディテクターがありませんでした。

みつろう　感光板がいいのでしょうか。

保江　感光板では、1個ずつバラバラに感知するのは無理でした。

みつろう　証拠を残せなかったわけですね。

保江　1個2個では相互作用しないので、印を残せない。つまり、観測したことにならないわけです。

みつろう　感度が足りないのですね。

保江　そこで、浜ホトの土屋さんが、感度のいいディテクターを開発したのです。

外村さんが土屋さんにそれを貸してくれと頼んだところ、土屋さんは、

「でもこれは光（フォトン）が飛んできたら印はつくが、電子では無理だよ」といったそうです。

そこで外村さんは何をしたかというと、この光センサーの前に膜を1枚置きました。

その膜は、電子が1個または数個当たったら、相応の数のフォトンを出すというものでしたが、それを外村さんが見つけたのです。電子のエネルギーを取って光を出すという物質を塗った膜でした。

それを前に置き、電子を数個打って、1個の電子が二重スリットを通過して膜に当たったところで、1個または数個のフォトンが出てくる。

それは浜ホトのディテクターで感知できるから、そこに印がつく。

そうやって実験したら、最初はポツンポツンと同じようにまばらにしか行かないのですが、だんだん溜まってくると縞模様になりました。

こうして、ついに電子についてもわかったのです。

みつろう　わかったというかわからなくなったというか。波であり、粒子でもあるとなったのですね。

保江　波であり、粒子であるということがわかったわけです。
だから結局、疑問はさらに増えたわけですが、今まで想像上の思考実験でしかなかったものが実際に実験できたというのはすごいことです。

みつろう　いつ頃の話でしょうか。

保江　今から3、40年前のことです。この実験の論文は、アメリカ物理学会の速報誌『Physical Review Letters』にも載って、世界が賞賛しました。

みつろう　それこそ、ド・ブロイが生きていたら驚いたでしょうね。

二重スリット実験は人や魚にも当てはまる⁉

みつろう　ボーアたちの頃の実験は、二重スリットはなかったのですか。

保江　思考実験でした。ただ、飛行機で見たような、ヤングのランプを使った実験はありました。

光の二重スリット、光電効果もありましたね。

みつろう　ということは、当時のボーアもアインシュタインも、これを見ないまま死んでいった。

保江　そうです。

みつろう　最近の量子力学の本は全部混同していますね。当時からそういうものがあったと思わせています。

保江　とんでもないです。当時は何もわからず、暗中模索していたのですから。

みつろう　それどころか、僕が読んでいる本では、「量子力学の実験で、二重スリットを作ります。1個撃ちます。スリットの片側にはセンサーがあって、このスリットを通ったところまで感知しています」と書いてあります。

保江　電子についてはそれはできません。

みつろう　光子についてはできますか。

保江　光子についても正確に1個はまだ無理で、1個でできたのは、フラーレンくらいからです。

みつろう　では、フラーレンの話を電子として書いているのですね。

保江　そうでしょうね。じつはそういう実験もあって、途中どっちを通ったかがわかるようなセンサーをつけたらどうなるかを実際にやっています。

そうすると、干渉縞が消えて、中心を拳銃で普通に撃ったようなパターンのみになるのです。

みつろう　ますます不思議ですね。センサーをつけたが故に縞が消えるのですか。

保江　それを観測したからです。

みつろう　その観測の機械と僕との間に、境界線はないですよね。

保江　だから、アブストラクトエゴが観測しているのです。左を通ったとわかると、途端にそれに倣うように同じところばかりに集まります。

みつろう　有名な本にセンサーはあると書いてありますが、あれは嘘なんですね。

保江　そんな本があるのですか。

みつろう　今一番読まれている本にそう書いてあるのです。二重スリット実験では、スリットの片側にセンサーがあると。

保江　そういう実験もありました。でもその結果は、そっちを通ったことがわかった、つまり観測された途端に回折が起きなくなったのです。

みつろう　縞は消えるのですか？　このセンサーの不思議な点というのは、当時の思考実験では、電子の中で1個、タキオン（＊常に光速を超える速さをもつ仮想粒子）を撃って、スリットAとB

に、粒子が行ったとしますね。

保江　粒が行ったと考えてみます。

みつろう　大量に撃っていくと、なぜか縞になる。

保江　集積されたらそうなるのです。

みつろう　そうなる理由は、ヤングの実験のとおり、波だからということですね。

保江　波が両方を通るからです。

みつろう　そのために、干渉が起こってスクリーンに波が届きます。でも、数個で撃つとポツンとしか出ないということは、片方だけを通っているからなはずですよね。

保江　そうです。

みつろう　これがとにかく不思議で、1個撃ったらスクリーンにポツンと現れ、大量に撃つと、センサーが反応したとその本には書いてあります。センサーが反応したのは一つのスリットだけ。ということは、もう一つのスリットには何も通っていない。なのに、干渉跡ができると書いてある……、本当はできないんですか？

保江　電子やフォトンだと、その実験で干渉縞は起きません。フラーレンより大きいものになって、初めて起こります。

みつろう　それは原子ではなくて、分子ですね。

保江　でも、その分子自体の内部構造の変化は記述しないから、分子全体の中心が動くだけのことです。別に、それを量子力学で記述するのはかまいません。
　フラーレンは電子と比べてとても重いので、量子論的な揺らぎが小さくなります。確率を起こすその変動を、量子論的な揺らぎと呼んでいます。それは、質量に反比例します。

みつろう　質量が重ければ重いほど、量子効果は小さくなるのですね。

保江　ですから、大きなものでは、絶対に量子効果は起きません。

みつろう　それが不思議議です。

保江　フラーレンと、一番小さなウイルスぐらいの質量の差が、微妙なところです。

みつろう　境目があるのですか。

保江　そのへんはまだ量子効果が少し残るから、観測者の影響がかなり抑えられつつ、かつ量子効果も残ります。

確か、実際にフラーレンで二重スリット実験をやったわけではないのです。フラーレンでやった実験は、カーボンナノチューブの中にフラーレンを入れて、それがどうくっつき合うかを観測したというものですが、リアルに見ることができました。

解釈としては、二重スリット実験でどちらかをフラーレンが通ったとディテクトすると、フラーレンが干渉効果を起こしているのと等価である、というのが正式な表現です。

それでセンサーが反応したら、その結果は拳銃の弾を撃つのと同じになるのです。

みつろう　センサーが反応した瞬間に、縞は消えるのですね。

保江　一発しか電子を撃たなければ、センサーが反応したときの電子が当たったポジションだけを実験結果として集めたら、もう干渉縞は作られません。ほぼ同じところに当たります。

みつろう　そうなっていきますよね。見つかる確率としては、波動方程式による一番高いところが最高ですね。

干渉縞が起こっているからには、Aを通っていると同時にBも通っているわけで、AとB両方を何かが通らないと干渉というのは起きませんよね。

保江　だから、シュレーディンガーの波動方程式の解を波動関数と呼びますが、それでいえば、波動関数が通っているということです。

みつろう　やはり、このスリットを一重にしたら絶対に干渉は起きない……。同じような場所に集まるということは、センサーをつけると、ここを通ったと観測したときだけは一つの方向になるけれども、二つのスリットを通っている何ものかが存在するということになりますね。

保江　通っていますが、センサーなどでは波動関数はわかりません。

みつろう　電子銃があって、センサーが反応したほうのスリットは電子が通り抜けたとわかる。センサーが無反応なスリットには、何も通らなかったことになる。

そういうデータは、技術的にとれるんですね。

保江　はい。そのデータだけを集めたら、右が閉じているときの結果と同じになります。

みつろう　不思議ですね。なぜそんなことになるのでしょうか。

これは、フラーレンくらい大きくないとできないということですか。電子くらいではできないのですね。

保江　一番不思議なのが、フラーレンでやるとそうなることです。

直接は二重スリットの実験はできないので、カーボンナノチューブの中にフラーレンをたくさん詰めて、フラーレン同士がくっつくかという実験が、つまり左から行くか右から行くかという事象に相当するわけです。

近年までは見えなかったから実際のところはわからなかったのですが、特殊な電子顕微鏡を使って動画で撮った日本人がいます。

みつろう　最近のことですよね。

保江　量子効果で、フラーレン同士がくっつくということが再現されました。

ですから、もしフラーレンで二重スリット実験をやったら、左側のスリットを通過したことがわかっても、やはり量子効果、つまり干渉縞が起きることを意味しているといえるのです。

みつろう　実際に撃ったわけではないですね。その本では、拡大解釈をしているということでしょうか。

保江　量子力学でいう干渉効果が起きているといいたかっただけでしょう。それを二重スリット実験に無理やり結び付けて、もしフラーレンで二重スリット実験をしていたらこうなるのではないかといっているだけです。

どっちのスリットを通過したかわかるような何かを使って、フラーレンが右を通ったのか左を通ったのかをずっと見ていたというわけではありません。

でも、そういうことをせずともフラーレンの二重スリット実験はなされて、干渉縞は確かに出ました。今、フラーレンよりも大きい分子であるウイルスで試しています。

みつろう　そこまで大きくなっているのですか。フラーレンでも、炭素が60個とかで大きいですよね。

保江　普通のウイルスよりは小さいようですが、それでもかなり大きいです。

みつろう　ウイルスで二重スリット実験をやっても、干渉痕ができる可能性があるということですか。それこそ不思議です。

例えば、100兆個のウイルスの株を撃ったとして、それが波になったからには絶対に両方から何かが出ているわけですよね。ということは、その株はこのスリットを通り抜けるまでは可能性に限定される話で、どっちを通ったかわからない。

でも結果としては、一つずつ見たら届く場所も一つで、ここがやはり不思議なんですよね。

保江　京都駅の在来線の一番大きな出口は、改札を出るとなぜか二重スリットになっていて、僕はときどき、上から写真を撮ることがあります。

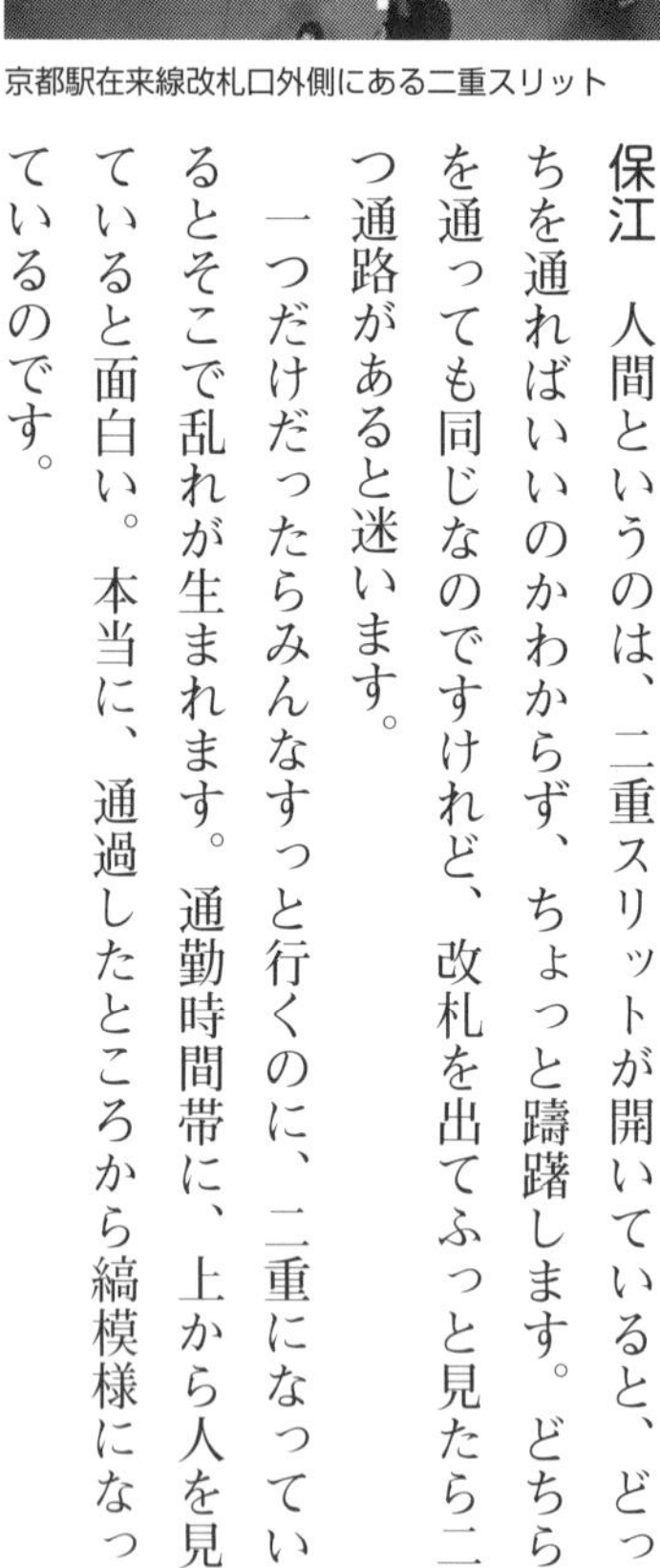

京都駅在来線改札口外側にある二重スリット

みつろう　超マクロな二重スリットが見えるのですね。

保江　人間というのは、二重スリットが開いていると、どっちを通ればいいのかわからず、ちょっと躊躇します。どちらを通っても同じなのですけれど、改札を出てふっと見たら二つ通路があると迷います。

一つだけだったらみんなすっと行くのに、二重になっているとそこで乱れが生まれます。通勤時間帯に、上から人を見ていると面白い。本当に、通過したところから縞模様になっているのです。

以前、僕がジュネーブ大学でセミナーをしたとき、魚がやってきたときに工業廃棄物が溜まっているところを避けるのを、ボルン近似で量子力学と同じような理屈で計算したら出せるといったのです。

すると、どこかの水産関係の研究をしている人から連絡が来て、「これは本当ですか」と聞かれたので、「冗談だよ」と答えていたのですが、最近、この干渉を魚で見てやろうとしているところがあるそうです。近畿大学みたいに、養殖したマグロを使うといいます。

マグロは停止したら死ぬからずっと泳いでいるので、実験にはちょうどいい。マグロを一匹ずつ実験水槽に移し、二つ入り口を作っておくと、どちらかを通って入っていく。

みつろう　観測することによって、やはり何かが収縮するのでしょうか。

保江　では、これから二重スリット実験について僕が閃いた方程式を用いた分析の話をします。

二重スリット実験を当たり前に説明できるものです。

（『シュレーディンガーの猫を正しく知れば　この宇宙はきみのもの　下』に続く）

保江邦夫（Kunio Yasue）

岡山県生まれ。理学博士。専門は理論物理学・量子力学・脳科学。ノートルダム清心女子大学名誉教授。湯川秀樹博士による素領域理論の継承者であり、量子脳理論の治部・保江アプローチ（英:Quantum Brain Dynamics）の開拓者。少林寺拳法武道専門学校元講師。冠光寺眞法・冠光寺流柔術創師・主宰。大東流合気武術宗範佐川幸義先生直門。特徴的な文体を持ち、100冊以上の著書を上梓。

著書に『祈りが護る國　日の本の防人がアラヒトガミを助く』『祈りが護る國　アラヒトガミの願いはひとつ』、『祈りが護る國　アラヒトガミの霊力をふたたび』、『人生がまるっと上手くいく英雄の法則』、『浅川嘉富・保江邦夫 令和弐年天命会談 金龍様最後の御神託と宇宙艦隊司令官アシュターの緊急指令』（浅川嘉富氏との共著）、『薬もサプリも、もう要らない！ 最強免疫力の愛情ホルモン「オキシトシン」は自分で増やせる!!』（高橋 徳氏との共著）、『胎内記憶と量子脳理論でわかった！「光のベール」をまとった天才児をつくる たった一つの美習慣』（池川 明氏との共著）、『完訳 カタカムナ』（天野成美著・保江邦夫監修）、『マジカルヒプノティスト スプーンはなぜ曲がるのか？』（Birdie氏との共著）、『宇宙を味方につける こころの神秘と量子のちから』（はせくらみゆき氏との共著）、『ここまでわかった催眠の世界』（萩原優氏との共著）、『神さまにゾッコン愛される　夢中人の教え』（山崎拓巳氏との共著）、『歓びの今を生きる 医学、物理学、霊学から観た 魂の来しかた行くすえ』（矢作直樹氏、はせくらみゆき氏との共著）、『人間と「空間」をつなぐ透明ないのち　人生を自在にあやつれる唯心論物理学入門』、『こんなにもあった！　医師が本音で探したがん治療　末期がんから生還した物理学者に聞くサバイバルの秘訣』（小林正学氏との共著）『令和のエイリアン　公共電波に載せられないUFO・宇宙人ディスクロージャー』（高野誠鮮氏との共著）、『業捨は空海の癒やし　法力による奇跡の治癒』（神原徹成氏との共著）、『極上の人生を生き抜くには』（矢追純一氏との共著）、『愛と歓喜の数式　「量子モナド理論」は完全調和への道』（はせくらみゆき氏との共著）、『シリウス宇宙連合アシュター司令官vs.保江邦夫緊急指令対談』（江國まゆ氏との共著）、『時空を操るマジシャンたち　超能力と魔術の世界はひとつなのか 理論物理学者保江邦夫博士の検証』（響仁氏、Birdie氏との共著）、『愛が寄り添う宇宙の統合理論 これからの人生が輝く！　9つの囚われからの解放』（川崎愛氏との共著）（すべて明窓出版）など、多数がある。

さとうみつろう（Mitsurou Sato）

北海道の大学を卒業後、エネルギー企業へ就職。

社会を変えるためには「1人1人の意識の変革」が必要だと痛感し独立。

本の執筆や楽曲の発表を本格化し、初の著書『神さまとのおしゃべり—あなたの常識は、誰かの非常識—』（ワニブックス）がシリーズ累計40万部のメガヒットを記録。

家に戻ると3児のパパに早変わりする。

----主な著書----

『Noサラリーマン、Noジャパン—あなたの存在を光らせる仕事のやり方—』（サンマーク出版）
『金持ち指令』（主婦と生活社）
『毎日が幸せだったら、毎日は幸せと言えるだろうか?』（ワニブックス）

シュレーディンガーの猫を正しく知れば

この宇宙はきみのもの　上

保江邦夫・さとうみつろう

明窓出版

令和六年　四月十日　初刷発行
令和六年　四月十五日　二刷発行

発行者——麻生 真澄
発行所——明窓出版株式会社
〒一六四—〇〇一二
東京都中野区本町六—二七—一三

印刷所——中央精版印刷株式会社

ISBN978-4-89634-468-4

保江邦夫　矢作直樹　はせくらみゆき

さあ、眠れる98パーセントのDNAが花開くときがやってきた！

本体価格 2.000円＋税

時代はアースアセンディング真っただ中

- 新しいフェーズの地球へスムースに移行する鍵とは？
- 常に神の中で遊ぶことができる粘りある空間とは？
- 神様のお言葉は Good か Very Good のみ？

宇宙ではもう、高らかに祝福のファンファーレが鳴っている！！

抜粋コンテンツ

◎UFOに導かれた犬吠埼の夜
◎ミッション「富士山と諭鶴羽山を結ぶレイラインに結界を張りなさい」
◎意識のリミッターを外すコツとは？
◎富士山浅間神社での不思議な出来事
◎テレポーテーションを繰り返し体験した話
◎脳のリミッターが解除され時間が遅くなるタキサイキア現象
◎ウイルス干渉があれば、新型ウイルスにも罹患しない
◎耳鳴りは、カオスな宇宙の情報が降りるサイン
◎誰もが皆、かつて「神代」と呼ばれる理想世界にいた
◎私たちはすでに、時間のない空間を知っている
◎催眠は、「夢中」「中今」の状態と同じ
◎赤ん坊の写真は、中今になるのに最も良いツール
◎「魂は生き通し」――生まれてきた理由を思い出す大切さ
◎空間に満ちる神意識を味方につければすべてを制することができる

完全調和の「神」の世界がとうとう見えてきた

古代ギリシャ時代からの永遠のテーマである「人間・心・宇宙・世界とは何か?」へのすべての解は、**『量子モナド理論』**が示している。

人生を自在にあやつる方法はすでに、

京大No.1の
天才物理学者

によって導き出されていた!!

保江邦夫 著
本体価格：1,800 円＋税

抜粋コンテンツ

★完全調和をひもとく「量子モナド理論」
★物理学では時間は存在しない
★私たちが住んでいるのはバーチャル世界?
★量子とはエネルギーである
★複数にして唯一のものであるモナドとは?
★量子力学は100年以上も前のモノサシ
★クロノスとカイロス
★「人間とは何か?」「宇宙学とは何か?」——ギリシャ哲学の始まり
★多くの人に誤解されている「波動」という言葉
★赤心によって世界を認識すれば無敵になれる
★神様の道化師
★美人と赤ちゃんの力
★「時は金なり」の本当の意味
★お金の本質的価値とは
★加齢は時間とは無関係
★天使に見守られていた臨死体験
★「人が認識することで存在する」という人間原理の考え方
★日本では受け入れられなかった、湯川秀樹博士独自の「素領域理論」
★数「1」の定義とは

こんなにもあった！
医師が本音で探した
がん治療
末期がんから生還した物理学者に聞く
サバイバルの秘訣
ノートルダム清心女子大学 名誉教授・理論物理学者
保江邦夫
岡崎ゆうあいクリニック院長 医学博士
小林正学
「このままじゃいけない。
生きるためにもっと可能性を探して！」
内なる声に突き動かされたがん専門医は、西洋医学以外の治療法にも目を向け始めた。
波動医療・食事療法・感性医療・唾液療法・奇跡の泉・超能力 etc.……
新しい医療の可能性を理論物理学者と共に探求する。
明窓出版

空海の法力を現代に顕現した「業捨」の本質を明らかに!!

生きていく中で悪業の汚れが付いてしまった身体に業捨を施せば、
空海と一体となって、身体ばかりではなく心も清くなる
創始者からの唯一の継承者と稀代の物理学者との対話が、
病からの解放に導く

第一章　業捨との出会いで人生が変わった
第二章　体が喜び、すべてが整う　業捨が本物だと確信したこととは?
第三章　業捨はどういう生命現象作用なのか?
第四章　「『業捨』は技ではなく法力である」

業捨は空海の癒やし
法力による奇跡の治癒
保江邦夫　神原徹成

空海の法力を現代に顕現した
「業捨」の本質を明らかに!!
生きていく中で悪業の汚れが付いてしまった
身体に業捨を施せば、空海と一体となって、
身体ばかりではなく心も清くなる
創始者からの唯一の継承者と稀代の
物理学者との対話が、病からの解放に導く

業捨は空海の癒し
法力による奇跡の治療
保江邦夫　神原徹成　共著
本体価格：1,800円+税

2人の異能の天才が織りなす、次元を超えた超常対談

極上の人生を生き抜くには

矢追純一／保江邦夫 本体価格 2,000円＋税

目次より抜粋

望みを実現させる人、させられない人

UFOを開発する秘密の研究会

ユリ・ゲラー来日時の驚愕の逸話

2039年に起こる
シンギュレーションとは?!

地底世界は実在するのか

アナスタシア村の民が組み立てるUFO

宇宙人から与えられた透視能力

火星にある地下都市

誰もが本当は、不完全を愛している

ロシアの武器の実力とは

ユリ・ゲラーと銀座に行く

地球にある宇宙人のコミュニティ

「なんとなく」は本質的なところでの決断

自分が神様――無限次元に存在する

「統合」とは
魂を本来の姿に戻すこと

この地球という監獄から脱出するメソッドを
詳しくご紹介します！

愛が寄り添う宇宙の統合理論
これからの人生が輝く　9つの囚われからの解放
保江邦夫　川崎愛　共著　本体 2,200 円+税

抜粋コンテンツ

パート1
「湯けむり対談」でお互い丸裸に!

○男性客に効果的な、心理学を活用して
　心を掴む方法とは?
○お客様の心を開放し意識を高める
　コーチング能力
○エニアグラムとの出会い
　――9つの囚われとは

パート2
エニアグラムとは魂の成長地図

○エニアグラムとは魂の成長地図
○エニアグラムで大解剖!
　「保江邦夫博士の本質」とは
○根本の「囚われ」が持つ側面
　――「健全」と「不健全」とは?

パート3
暗黙知でしか伝わらない唯一の真実

○自分を見つめる禅の力
　――宗教廃止の中での選択肢
○エニアグラムと統計心理学、
　そして経験からのオリジナルメソッドとは
○暗黙知でしか伝わらない唯一の真実とは

パート4
世界中に散らばる3000の宇宙人の魂

○世界中に散らばる3000の宇宙人の魂
　――魂の解放に向けて
○地球脱出のキー・エニアグラムを手に入れて、
　ついに解放の時期がやってくる!
○多重の囚われを自覚し、個人の宇宙に生きる

パート5
統合こそがトラップネットワークからの脱出の鍵

○統合こそがトラップネットワークからの
　脱出の鍵
○憑依した宇宙艦隊司令官アシュターからの
　伝令
○「今、このときが中今」
　――目醒めに期限はない